EDITORIAL
UABC

Universidad Autónoma de Baja California

Esta investigación fue dictaminada por pares académicos.

Ramírez Hernández, Jorge.
Reúso de aguas revitalizadas en la agricultura / Jorge Ramírez Hernández y Ángel López López. Mexicali, Baja California: Universidad Autónoma de Baja California, 2022.
160 p.: il.; 22 cm. (Selección Anual para el Libro Universitario)

ISBN: 978-607-607-780-1

1. Reutilización de agua. 2. Agricultura. I. Universidad Autónoma de Baja California. II. López López, Ángel, coaut. III. s. IV. t.

TD429 R35 2022

Las características de esta publicación son propiedad de la
Universidad Autónoma de Baja California.
Departamento de Editorial Universitaria.
Av. Reforma 1375. Col. Nueva. C.P. 21100.
Mexicali, Baja California, México.
Teléfono: 686-552-1056.
Correo electrónico: editorial@uabc.edu.mx
www.uabc.mx

ISBN 978-607-607-780-1

Coordinación editorial: Laura Figueroa Lizárraga.
Diseño de portada: César Alonso Cervantes Vargas.
Formación: Palmira Gaxiola Espinoza y Cristian Fernández Ossa.
Edición: Katia Ibarra Guerrero

Jorge Ramírez Hernández
Ángel López López

Reúso de aguas revitalizadas en la agricultura

Selección Anual para el Libro Universitario

PRESENTACIÓN

El objetivo de este libro es proveer algunos de los muchos criterios para llevar a cabo un programa de reúso del agua residual tratada o revitalizada (ART) municipal en la agricultura. La reutilización del ART debe hacer coincidir dos procesos frecuentemente conceptualizados de forma independiente, que operan al inicio de los proyectos de reúso. Por un lado, es común que el agua residual ya esté sometida a un tratamiento específico para su descarga, generalmente relacionado con el cumplimiento de la Norma Oficial Mexicana NOM-001-Semarnat-1996, vigente parcialmente hasta marzo de 2022, o bien de la NOM-001-Semarnat-2021, que entrará en vigor en su totalidad a partir del año 2026 para la descarga a cuerpos de agua y bienes nacionales, que no obedece al interés de su reúso. Por otro lado, las zonas agrícolas con interés de reusar el ART generalmente ya cuentan con un padrón de cultivos, con sistemas de riego y prácticas agrícolas que hacen uso de agua dulce. En zonas semidesérticas, el reúso obedece a la necesidad de contar con volúmenes de agua adicionales o, como es el caso de los valles agrícolas de la costa del Pacífico en Baja California, a la degradación de la calidad del agua por la intrusión salina a los acuíferos.

Los programas de reúso del ART requieren armonizar ambas actividades, tanto el nivel de depuración del ART como el tipo de cultivo al que será aplicado. Debe considerarse que la depuración del agua permita, por un lado, su aplicación a el tipo de cultivo propuesto; que el manejo del ART no perjudique la salud de los trabajadores del campo y empacadores; o bien contamine el producto afectado al consumidor final. Para alcanzar esta armonía, es preciso modificar ambas actividades. Algunas veces se requiere utilizar otro proceso de depuración, variar alguna de sus fases, cambiar los tipos de cultivo o prácticas agrícolas.

En esta obra se analizan los requerimientos de calidad del agua para diferentes tipos de cultivos y cómo alcanzar estos. Asimismo, se explora la posibilidad de modificar las cédulas de cultivo existentes, si es que ya existen, por cultivos más adecuados a la calidad del agua aplicada.

Adicionalmente a la armonía de ambos procesos, es necesario llevar a cabo acciones de concientización de la comunidad relacionadas con el proyecto de reúso. En este proceso se requiere involucrar a los principales actores desde el inicio del programa como son: los organismos operadores del agua, estatales y municipales, y los usuarios finales de dicho recurso que, en este caso, son los agriculores.

Aunque los dos actores mencionados anteriormente son los usuarios directos en el reúso del agua, existen otros participantes que deben ser incluidos y consultados para que su aportación sea positiva ante el nuevo reto de optimizar el uso del agua. Estos son los colonos y vecinos de las áreas en donde se va a reusar el recurso y los consumidores de los productos agrícolas generados. Todo esto sin perder de vista los efectos positivos y negativos que este recurso hídrico adicional pudiera ocasionar en el medio ambiente.

Por último, en este libro se prioriza el impacto del agua revitalizada, excedente de riego, que pudiera recargar al acuífero, por ser el agua subterránea la fuente más importante para las actividades en Baja California, al margen de analizar su impacto a cuerpos de agua superficiales.

ESTRUCTURA DEL LIBRO

El capítulo 1 inicia con el análisis de la información general para el proyecto de reúso del ART en la irrigación de cultivos agrícolas, con el objeto de conocer la situación relativa tanto al ART como a la zona de cultivo. Se debe conocer, entre otros parámetros, el volumen del recurso disponible, la calidad del mismo, la ubicación de la planta de tratamiento del agua residual (PTAR) con respecto a la zona de aplicación —para evaluar la infraestructura requerida para su conducción—, la cédula de cultivo actual —que se sugeriría con base en la calidad del ART disponible—, los métodos de irrigación y la capacidad de conversión del sector agrícola. En este capítulo se establece la línea base sobre la cual se propondrán las acciones que deberá incluir el proyecto de reúso, y brindará la posibilidad de establecer los alcances del programa.

En el capítulo 2 se hace una breve reseña de los principales componentes químicos y bacteriológicos del agua residual y de los mecanismos para removerlos, esto con el fin de evaluar —según el sistema de tratamiento con que se cuenta al inicio del proyecto— qué tipo de proceso sería necesario incorporar en el tratamiento del agua residual para reducir la concentración de dichos componentes. Asimismo, se hace un breve recuento de los lineamientos oficiales para el reúso del ART en México, en los que se establecen los límites máximos permisibles de diversos componentes, de acuerdo con el uso que se le desea dar al ART. Se concluye este capítulo con un panorama sobre el monitoreo de la calidad del ART.

En el capítulo 3 se describe cómo debe hacerse la selección del sitio para el reúso del ART y cuáles serán las cuestiones más importantes a tener en cuenta. Adicionalmente, si el lugar ya ha sido elegido, qué tendría que considerarse para optimizar la reutilización del ART y cómo evaluar el impacto de esta agua en los cuerpos de agua superficial y subterránea. Se analizan también los aspectos de infraestructura requerida para la conducción y las consideraciones para su diseño.

En el capítulo 4 se describen los tipos de cultivos recomendados según la calidad del ART para llevar a cabo la elección de la cédula de cultivo regado con dicho recurso de forma idónea, tomando en cuenta tanto la normatividad oficial, como los factores agronómicos, incluyendo el tipo de suelo y las consideraciones económicas. Este es el apartado más extenso, ya que se analiza integralmente la calidad del agua, el tipo de suelo, los cultivos recomendados y las prácticas de siembra más adecuadas.

En el capítulo 5 se hace una breve descripción de las medidas de seguridad para el control sanitario e inocuidad, tanto para las personas como para los alimentos. Este tema no es tratado exhaustivamente; sin embargo, se hacen recomendaciones generales que permitirán profundizar sobre la inocuidad de los alimentos, actualmente considerada un elemento primordial para la comercialización de los productos agrícolas, con el fin de asegurar la salud de la población.

El capítulo 6 aborda algunas de las actividades que podrían realizarse para involucrar a los principales actores en el reúso del agua, como son: los organismos operadores del líquido encargados —entre otras funciones— del tratamiento y disposición del ART y los potenciales usuarios agrícolas. Tanto estos dos actores como la comunidad en general deberán integrarse en el proceso de planeación del programa de reúso del desde sus inicios, ya que los dos primeros tendrán que hacer adecuaciones importantes a sus procesos y la comunidad deberá apropiarse de las propuestas de optimización del uso del agua, para darle factibilidad al proyecto.

Finalmente, el capítulo 7 consiste en un cuestionario con el cual se pretende que los interesados en realizar un proyecto de reúso del ART en la agricultura contesten una serie de preguntas que les servirá para evaluar la viabilidad del programa, así como visualizar algunos de los aspectos más importantes que deben tenerse en cuenta al momento de impulsar un proyecto de esta índole. Los cuestionamientos no pretenden ser exhaustivos, pero sus planteamientos sin duda ayudarán a hacer que el proyecto sea más exitoso.

CAPÍTULO 1. INFORMACIÓN TÉCNICA PARA PROYECTO DE REÚSO

La escasez del agua, aunada al crecimiento de poblaciones urbanas y a una mayor demanda en el riego, ha exigido la reutilización de las aguas residuales tratadas (ART). Por tal motivo, es necesario considerar todos los factores que intervienen en dicha práctica, por lo cual se requiere realizar un extenso análisis de toda la información existente con la finalidad de determinar cuáles serían las mejores opciones, sobre todo en el ámbito de la agricultura (Winpenny, Heinz & Koo-Oshima, 2013), además del ambiental y económico.

El reúso del ART en la agricultura permite conservar el agua dulce para que sea utilizada en un fin con mayor valor económico y social. En función de la calidad del ART, los agricultores reciben un suministro de agua que puede ser rica en nutrientes y con bajo contenido de sales, lo cual es importante en zonas cercanas a la costa, como son los valles costeros de Baja California. Otro de los beneficios de reutilizar el ART es que al ser una fuente adicional de agua en la región, por una parte, se reduce la extracción del agua de los acuíferos, usualmente sobreexplotados, y por otro, el agua excedente de riego constituye una recarga potencial a los mismos (Moscoso, 1995).

Es importante tomar en consideración todos los factores que intervienen en el uso de las ART en la agricultura, entre los que se encuentran: la calidad y cantidad del agua proporcionada por las plantas de tratamiento, la ubicación relativa de dichas plantas y de las zonas de cultivo, el tipo de riego utilizado, los tipos de cultivos permitidos, entre otros factores, los cuales serán analizados en los siguientes apartados.

FUENTE DEL AGUA RESIDUAL TRATADA

TIPO DE AGUA

Los proyectos de reúso del ART deben considerar el origen de la misma para conocer qué clase de contaminantes contiene y así poder determinar el tipo de tratamiento que requiere, por lo cual se han clasificado de la siguiente manera:

- Agua residual doméstica: proviene exclusivamente de uso residencial, es decir, casas habitación. Sus principales contaminantes son microorganismos patógenos y altas cargas de sólidos disueltos y en suspensión (estos provocan deficiencia de oxígeno disuelto, turbidez y malos olores). También presentan altas concentraciones de nitrógeno y fósforo.
- Agua residual municipal: comprende el agua residual doméstica más el agua público-urbana, proveniente de servicios y comercios (restaurantes, centros comerciales, talleres de servicios en general, clínicas u hospitales, etcétera). Además de los contaminantes de las aguas domésticas, también presenta metales pesados y sustancias orgánicas (como son las grasas de origen animal, azúcares, medicamentos, entre otras).

- Agua residual industrial: proviene de los procesos de transformación de materias primas a productos elaborados en gran escala (industria petroquímica, farmacéutica, textil, automotriz, entre otros). Los contaminantes de este tipo de agua son variados y en altas concentraciones. Predominan metales pesados y sustancias tanto orgánicas como inorgánicas tóxicas.
- Agua residual agrícola: es aquella que, después de aplicarse al suelo de un cultivo, se drena superficial o subsuperficialmente. Sus contaminantes más comunes son sólidos en suspensión, sólidos inorgánicos disueltos (sales) y sustancias órgano-fosforadas y órgano-cloradas (fertilizantes y pesticidas). En zonas donde la agricultura es intensiva, las concentraciones de estos son muy altas y, en algunos casos, llegan a alcanzar los mantos acuíferos (Cisneros-Estrada, González-Meraz & Fuentes-Ruiz, 2001). Los fenómenos de salinización del suelo se observan con mayor frecuencia en zonas áridas y semiáridas, favorecidos por el tipo de suelo, las elevadas temperaturas y las altas tasas de evaporación (Cisneros-Estrada & Saucedo-Rojas, 2016).

Calidad del ART

Una vez que se conoce el origen de las aguas residuales es necesario determinar el tipo de tratamiento requerido, el cual se elige con base en el tipo de reúso que se le dará al ART. En el caso de su reutilización en la agricultura, se deben tener en cuenta los cultivos que se desean irrigar con ART, ya que estos determinarán de forma definitiva el nivel de depuración que el recurso requerirá.

En el caso de que ya exista una PTAR en funcionamiento, cuyos efluentes se deseen reusar en la agricultura como parte del proyecto de reúso, se deben seguir los siguientes pasos:

1. Determinar el tipo de cultivos que se desean irrigar y el tipo de riego a utilizar. Si se desea cultivar productos cuyo consumo no será de forma directa sin cocimiento (crudos), podría recomendarse el cumplimiento de la norma NOM-001-Semarnat-2021 únicamente. Si se planea incorporar productos que estarán en contacto directo con el agricultor, empacador o bien consumidor final debe considerarse el cumplimiento de la NOM-003-Ecol-1997 (Semarnat, 1998). En el caso de que los productos agrícolas sean consumidos crudos, se requerirá el cumplimiento de los lineamientos de inocuidad específicos para cada producto. En ambos casos, el cumplimiento de estas normas demandará la incorporación de nuevos procesos de depuración, con mayores requerimientos en infraestructura.
2. Una vez establecido el nivel de depuración deseado, se requerirá un programa de monitoreo permanente que asegure el cumplimiento de la normatividad, así como establecer un plan de contingencia en caso de no alcanzar la calidad del ART requerida. En la figura 1 podemos observar el nivel de calidad del agua con base en el tipo de tratamiento que se le da, según los criterios establecidos por la Agencia de Protección al Ambiente de los Estados Unidos (EPA, por sus siglas en inglés).

Para determinar la calidad alcanzada en cualquiera de los niveles de tratamiento del agua es necesario llevar a cabo un programa de monitoreo. Cada país tiene una normatividad establecida para dichas supervisiones del nivel de calidad. En México, las descargas de las PTAR están reguladas por las normas oficiales mexicanas, particularmente la NOM-001-Semarnat-2021 y la NOM-003-Ecol-1997.

Figura 1. Las tecnologías de tratamiento disponibles para alcanzar cualquier nivel deseado de calidad de agua.

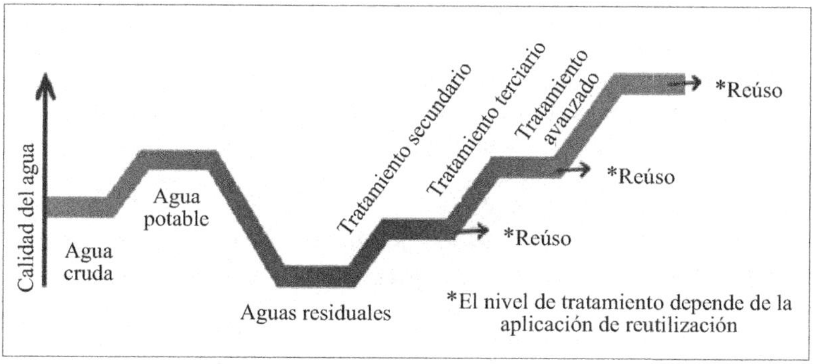

Fuente: Basado en EPA (2012).

Las PTAR por lo general se diseñan y construyen dependiendo tanto de la calidad del influente como del efluente que se desea descargar, sin considerar el posible reúso en una actividad específica. En la mayoría de los casos, las PTAR cumplen con la norma NOM-001-Semarnat-2021, que les permite descargar el efluente en cuerpos de agua nacionales. Los parámetros considerados por la NOM-001-Semarnat-2021 y sus límites máximos permisibles se muestran en el cuadro 1.

El cumplimiento de la norma NOM-001-Semarnat-2021 permite la utilización del agua en el riego agrícola; sin embargo, en su utilización se considera que el recurso no tenga contacto directo con el ser humano ni con el follaje de las plantas.

Para ampliar el uso de las ART a todos los cultivos y con diversos métodos de riego es recomendable cumplir adicionalmente con la norma NOM-003-Ecol-1997, ya que se tendrá en muchos casos contacto directo con los agricultores, los empacadores y el consumidor final, aunque —como lo indica la norma— es para reúso de agua en servicios públicos con contacto directo, indirecto u ocasional. Los intervalos de concentración de los constituyentes químicos del ART aceptados se muestran en el cuadro 2.

CUADRO 1. Límites máximos permisibles para contaminantes básicos, metales pesados y cianuros en aguas que serán utilizadas en riego agrícola.

Parámetro	Suelo					
	Riego de áreas verdes			Infiltración y otros riegos		
	PM	**PD**	**VI**	**PD**	**PM**	**VI**
Temperatura (°C)	35	35	35	35	35	35
Grasas y Aceites (mg/l)	15	18	21	15	18	21
Sólidos Suspendidos Totales (mg/l)	30	36	42	100	120	140
Demanda Química de Oxígeno (mg/l)	60	72	84	150	180	210
Carbón Orgánico Total*	15	18	21	38	45	53
Nitrógeno Total (mg/l)	NA	NA	NA	NA	NA	NA
Fósforo Total (mg/l)	NA	NA	NA	NA	NA	NA
Huevos de Helmintos (huevos/l)	1	1	1	1	1	1
Escherichia coli (NMP/100 ml)	250	500	600	250	500	600
Enterococos fecales (NMP/100 ml)	250	400	500	250	400	500
pH (UpH)	6-9					

CUADRO 1. (continuación).

Parámetro	Suelo					
	Riego de áreas verdes			Infiltración y otros riegos		
	PM	PD	VI	PD	PM	VI
Color verdadero	Longitud de onda			Coeficiente de absorción espectral		
	436 mm			7.0 m^{-1}		
	525 mm			5.0 m^{-1}		
	620 mm			3.0 m^{-1}		
Toxicidad aguda (UT)	2 a los 15 minutos de exposición					
Arsénico (mg/l)	0.2	0.3	0.4	0.1	0.15	0.2
Cadmio (mg/l)	0.05	0.075	0.1	0.1	0.15	0.2
Cianuro (mg/l)	2	2.5	3	1	1.5	2
Cobre (mg/l)	4	5	6	4	5	6
Cromo (mg/l)	0.5	0.75	1	0.5	.75	1
Mercurio (mg/l)	0.005	0.008	0.01	0.005	0.008	0.01
Níquel (mg/l)	2	3	4	2	3	4
Plomo (mg/l)	0.5	0.75	1	0.2	0.3	0.4
Zinc (mg/l)	10	15	20	10	15	20

Nota: PM: Promedio mensual. PD: Promedio diario. VI: Valor instantáneo. NA: No es aplicable. NMP: Número más probable. UpH: Unidades de pH. UT: Unidades de toxicidad.

* Si cloruros es menor a 1000 mg/l, se analiza y reporta DQO.
* Si cloruros es mayor o igual a 1000 mg/l, se analiza y reporta COT.
* Si la conductividad eléctrica es menor a 3500 µS/cm, se analiza y reporta *E. coli*.
* Si la conductividad eléctrica es mayor o igual a 3500 µS/cm, se analiza y reporta enterococos fecales.
* Las determinaciones de la conductividad eléctrica y de cloruros no requieren la acreditación y aprobación de la entidad correspondiente.

Fuente: Elaboración propia basada en NOM-001-Semarnat-2021 (Semarnat, 2022).

Es de suma importancia aclarar que los parámetros considerados en el cuadro 1 nunca deben exceder los límites máximos establecidos en las normas. En caso contrario, deberán tomarse las medidas adecuadas para lograr que el agua cumpla con lo establecido y que, en caso de no hacerlo, se suspenda su utilización en el riego de cultivos.

Las variaciones en la calidad y la cantidad del efluente de las PTAR son frecuentes, y pueden deberse a problemas de operación de los sistemas de tratamiento, fallas en los sistemas, sobrecarga de agua residual, descargas de cargas contaminantes fuera de los parámetros de diseño de la planta, entre otros. Para evitar contaminar los productos irrigados, es preciso considerar un programa de monitoreo especial y un emisor de emergencias en un cuerpo receptor específico que permita desviar el ART del reúso.

CUADRO 2. LÍMITES MÁXIMOS PERMISIBLES DE CONTAMINANTES PATÓGENOS Y PARASITARIOS.

Tipo de reúso	Promedio mensual				
	Coliformes fecales NMP/100 ml	Huevos de helminto (h/l)	Grasas y aceites (mg/l)	DBO_5* (mg/l)	SST** (mg/l)
Servicios al público con contacto directo	240	≥1	15	20	20
Servicios al público con contacto indirecto u ocasional	1 000	≤5	15	30	30

*Es una estimación de la cantidad de oxígeno que requiere una población microbiana heterogénea para oxidar la materia orgánica de una muestra de agua en un periodo de cinco días.
**Sólidos suspendidos totales.
Fuente: Elaboración propia con base en la NOM-003-Ecol-1997.

Cantidad de ART

El volumen de ART depende de la cantidad de agua recolectada en el sistema de drenaje sanitario y es medido en el efluente de la PTAR. En los proyectos de reúso de agua se requiere considerar con atención la capacidad instalada de la PTAR y los volúmenes realmente recibidos por la misma. Es común que el aumento en la producción de AR genere un incremento en los volúmenes recibidos por la PTAR, incluso por encima de su capacidad. De igual forma, es común que, por el crecimiento de las ciudades o las redes de recolección de aguas sanitarias, se construyan nuevas PTAR para reducir —al menos temporalmente— los volúmenes de ingreso de agua a las antiguas plantas de tratamiento. En caso de que la PTAR ya esté en funcionamiento, sería preciso contar con los registros históricos de volúmenes de agua del efluente y los planes futuros de uso de estas aguas, si fueran diferentes a los del reúso en la agricultura.

En el caso de que la PTAR se vaya a construir para satisfacer los requerimientos del proyecto de reúso, el plan ejecutivo de su construcción debe incluir la cantidad de agua que se va a tratar.

La estimación del volumen diario, estacional máximo, promedio y mínimo generado es de primordial importancia ya que los volúmenes de agua requeridos en la agricultura son, en general, mucho mayores que los del ART generados por las ciudades. De esta manera, el tamaño de la superficie que será incorporada al riego sufriría modificaciones si se tiene un volumen equivocado del efluente esperado. El volumen de agua disponible determinará —en conjunto con el tipo de suelo, cultivo y riego— la superficie agrícola considerada para su aplicación.

Después de haber cuantificado el volumen histórico del ART, si se concluye que en el proyecto de irrigación no será utilizado en su totalidad, deberá considerarse alguna otra opción de manejo o descarga. Asimismo, debe tenerse en cuenta que la tasa de aplicación de agua en la agricultura no es constante y podría tener variaciones estacionales, lo cual está en función de la demanda del recurso según el estado fenológico de los cultivos establecidos. La demanda por irrigación debe ser estimada para toda la superficie considerada para riego, de forma semanal, lo que permitirá hacer una estimación de dichas variaciones. De igual manera, deben tenerse en cuenta otro tipo de demandas del ART para usos comerciales y recreacionales (DEP, 2012).

Ubicación de la PTAR y el sitio para reúso

La distancia entre el punto de generación del ART y el de la aplicación de esta a las tierras de cultivo requiere de un sistema de conducción del ART independiente y separado de las líneas de agua potable (algunas de sus características se describen en el apartado "Sistema de distribución del agua" del capítulo 4 [p. 88]). En muchos casos, se podría utilizar la tubería de descarga que es utilizada para disponer del ART y que fue aprobada por la Comisión Nacional del Agua (Conagua), para conducirla hasta el sitio de reúso, sin olvidar que se deben cumplir todas las especificaciones técnicas del sistema de distribución del recurso. Sin embargo, es frecuente la necesidad de construir un emisor del efluente que conduzca el agua desde la PTAR mediante un canal a cielo abierto o una tubería, ya sea mediante un sistema presurizado o por gravedad. Estos emisores son recomendados porque sirven como barreras para la propagación de enfermedades, por la depuración que se realiza al conducir el ART por una distancia física considerable (Cohen, Mamane & Lester, 2015).

La construcción de la tubería de conducción es un elemento importante a considerar en la realización del presupuesto de reúso, ya que, en muchos casos, la distancia puede superar algunas decenas de kilómetros.

Además de la necesidad de conducir el ART hasta el sitio de riego, se debe considerar que la aplicación del ART en tierras de cultivo requiere contar con una infraestructura agrícola adecuada dentro de la parcela. En este sentido, en el apartado "Sistema de distribución del agua" del capítulo 4 (p. 88) se explica con mayor detalle algunos de los aspectos de la irrigación con ART. Si se requiere un cambio profundo en el sistema de riego —por ejemplo, cambiar de riego por gravedad a riego por goteo—, será necesario, por un lado, hacer una estimación detallada de los costos de dicha conversión y, por otro, de la capacitación que requerirán los agricultores que operarán dichos sistemas.

En general, los riegos presurizados requieren contar con un reservorio para almacenar el ART de forma temporal, ubicado generalmente a pie de parcela, con el objeto de presurizar el agua para aplicarla en riego por goteo o aspersión. La construcción de estos reservorios es una práctica común en estos tipos de riego; sin embargo, para el ART, estos deben ser impermeabilizados para evitar la infiltración al acuífero de forma directa, además de evitar la consecuente pérdida de volumen de agua (véase el capítulo 4).

Cultivos

Tipos de cultivos y tipos de irrigación

Para iniciar un proyecto de reúso de ART se debe hacer un análisis exhaustivo del tipo de cultivo en que se va a utilizar el recurso.

Asimismo, establecer un programa de reutilización de ART dependerá, en gran medida, de la calidad y cantidad del ART disponible, del sistema de irrigación, así como de la periodicidad de la aplicación del agua. Este proceso de selección está condicionado a diversos factores tales como la rentabilidad del cultivo, el clima, las características del suelo y del agua, la experiencia agronómica, la disponibilidad de maquinaria y mano de obra, así como de otras fuentes de agua. Por otro lado, la sustitución de agua dulce por ART introduce nuevas condicionantes, por lo que la calidad, disponibilidad y oportunidad del ART juega un papel muy importante (Pettygrove & Asano, 1985).

Los factores determinantes del proceso de selección de cultivos que deben considerarse son:

- El nivel de depuración del agua para su cumplimiento con la normativa oficial.
- La tolerancia de los cultivos seleccionados a las sales y a los iones específicos presentes en el ART.
- El nivel de gestión exigido (prácticas de producción de cultivo).
- La asimilación de nitrógeno y fósforo de los cultivos.
- El consumo de agua de los cultivos.
- Dado que la aplicación del ART aumenta el costo de producción, se debe considerar el valor económico del cultivo.
- Los elementos climatológicos y sus características.
- Las características físicas del suelo.

Una vez finalizado el proceso de selección de los cultivos, es necesario determinar el sistema o tipo de riego que será utilizado; para ello se debe considerar que las diferentes prácticas de irrigación tienen un efecto importante en la exposición humana al producto cosechado e influyen en el grado de inocuidad de los alimentos (FAO, 2010).

Los sistemas de riego pueden clasificarse en tres grandes grupos: *1)* sistemas de riego por aspersión, *2)* sistemas de riego superficial, y *3)* sistemas de riego localizado.

Los sistemas de riego por aspersión son los de mayor potencial para expandir la contaminación sobre la superficie de los cultivos, por lo que tienen más posibilidad de afectar a las comunidades cercanas. La FAO (2010) no recomienda este sistema de riego para cultivos que son consumidos crudos.

El riego por anegamiento o inundación forma parte de los sistemas de riego superficial. Este sistema es el de menor eficiencia hídrica, ya que el aprovechamiento del agua por el cultivo es mínimo, dando lugar a un intenso proceso de evaporación e infiltración. A su vez, el contacto del ART, tanto con los agricultores como con los cultivos, es mayor, por lo que ambos están expuestos a un mayor peligro por contaminación.

El riego por goteo es el más adecuado cuando se utiliza ART, ya que no solo se aumenta la eficiencia hídrica, además, se reduce al máximo la posibilidad de provocar efectos salinos en el suelo, y se minimiza el contacto entre el ART con los cultivos y los agricultores (Pettygrove & Asano, 1985). Sin embargo, hay que considerar que este sistema de riego precisa de la instalación de un sistema de filtrado, con el fin de evitar problemas de obturación en los goteros o microaspersores.

Medidas de seguridad e inocuidad

El objetivo principal de una PTAR es la reducción de los riesgos sanitarios y evitar la contaminación de las aguas y el suelo. Cuando el efluente se utiliza para regar, es necesario considerar los posibles riesgos que pueden existir para los agricultores, trabajadores agrícolas, animales, consumidores y la población en general (Pettygrove & Asano, 1985).

La inocuidad de los alimentos es un elemento fundamental de la salud pública, ya que hay una gran diversidad de enfermedades que pueden ser transmitidas por los alimentos, sin embargo, lograr su inocuidad implica grandes desafíos. Los riesgos de la transmisión de enfermedades deben evaluarse y gestionarse para encontrar soluciones sólidas y coherentes a los problemas de inocuidad de los alimentos.

Lograr la inocuidad de los productos agrícolas es una responsabilidad compartida entre todos los relacionados con los alimentos, desde su producción hasta llegar al consumidor final, por lo que recae en quienes se encargan de la producción, elaboración, reglamentación, distribución, venta al mayoreo, menudeo y servidos al consumidor.

De acuerdo con la Organización de las Naciones Unidas para la Alimentación y la Agricultura (FAO, por sus siglas en inglés) (FAO, 2007), los elementos que debe tener un sistema de inocuidad de alimentos son:

- Leyes, políticas, reglamentos y normas alimentarias.
- Instituciones con responsabilidades claramente definidas para la gestión del control de los alimentos y la salud pública.
- Capacidad científica.
- Planteamiento integrado de gestión.
- Inspección y certificación.
- Laboratorios de diagnóstico y análisis.
- Establecimiento de normas.
- Infraestructura y equipo.

- Estructuras y capacidades de seguimiento.
- Vigilancia de los problemas de salud humana relacionados con la ingesta de alimentos.
- Capacitación.
- Información pública, educación y comunicación.

CAPÍTULO 2. TRATAMIENTO DE AGUA PARA REÚSO

Sistemas de tratamiento de aguas residuales

Los sistemas de tratamiento de las aguas residuales están clasificados, de forma general, en tratamiento primario, secundario y terciario (véase el cuadro 3). Las PTAR deben contemplar una o varias etapas de tratamiento que garanticen la calidad del agua requerida para su disposición o reúso, ya que, si bien el recurso puede ser utilizado crudo (sin ningún tipo de tratamiento) en el riego agrícola, esto puede traer como consecuencia tanto problemas a la salud de los trabajadores que tienen contacto directo o indirecto con el AR, como a los consumidores de los productos y al medio ambiente.

Tratamiento primario

El tratamiento primario es el tratamiento básico de las aguas residuales mediante el cual se busca reducir la presencia de aceites, grasas, arenas y sólidos gruesos. Este tratamiento se logra a través de maquinaria, por lo que también es conocido como tratamiento mecánico. Generalmente, este tratamiento consta de tres etapas que son (Pérez & Camacho, 2011):

- Remoción de sólidos: Este proceso consiste comúnmente en una pantalla (rejilla) rastrillada automatizada mecánicamente, la cual filtra el afluente para eliminar los objetos grandes incorporados en el sistema de alcantarillado (trapos, latas, papel higiénico, plásticos, etcétera), con la finalidad de evitar daños a los equipos en la planta de tratamiento.
- Remoción de arena: Esta etapa consiste en un canal desarenador donde la velocidad del agua residual se controla para permitir que la arena y las piedras se separen del agua, y así prevenir daños en las bombas y otros equipos por abrasión en las etapas posteriores del proceso de tratamiento.
- Sedimentación y remoción de aceites: En esta etapa, el agua residual se hace pasar a través de grandes tanques circulares o rectangulares para que los sólidos en suspensión puedan sedimentarse y el material flotante, como grasa y plásticos, suba hacia la superficie y logre desnatarse. Su principal propósito es producir un líquido homogéneo capaz de ser tratado biológicamente, así como generar lodos que puedan ser tratados por separado.

Tratamiento secundario

Una vez que se ha llevado a cabo el tratamiento primario, el siguiente paso del tratamiento es conocido como secundario. Esta etapa se enfoca en degradar el contenido biológico de las aguas residuales y remover 90% de la materia orgánica de las aguas residuales mediante el uso de procesos biológicos de tratamiento.

Los procesos biológicos utilizados en los tratamientos secundarios se realizan en presencia de oxígeno por medio de microorganismos aerobios (generalmente bacterias) que metabolizan la materia orgánica de las aguas residuales produciendo más microrganismos y productos inorgánicos (principalmente CO_2, NH_3 y H_2O). En el tratamiento secundario se utilizan varios procesos biológicos, los cuales difieren entre sí por la forma en la que se suministra el oxígeno a los microorganismos y la velocidad en la que estos últimos metabolizan la materia orgánica. Algunos de los procesos biológicos más comunes, según la FAO (2010) son:

- Lodos activados: Este proceso biológico consiste en la agitación y aireación de una mezcla de agua residual y lodo de microorganismos seleccionados por medio de un tanque o reservorio de aireación. Los dispositivos para airear que comúnmente se utilizan son difusores sumergidos que liberan aire comprimido y aireadores mecánicos que introducen aire agitando la superficie del líquido. Después de esta fase, los microrganismos se separan del líquido por sedimentación. Existen variaciones del proceso de lodos activados, tales como zanjas de aireación y oxidación extendidas, entre otras.
- Filtros de goteo: También conocidos como biofiltros, consisten en un reservorio o torre llena de medios de soporte tales como piedras, capas de plástico o tablas de madera. El agua residual se aplica intermitentemente o, en ocasiones, de manera continua sobre estos medios, en los cuales los microorganismos se adhieren y forman una capa biológica o una lámina fija. La materia orgánica del agua residual se difunde sobre la película donde es metabolizada.

- Contactores biológicos rotatorios (CBR): Es un proceso biológico aerobio que requiere contacto constante con el agua residual, la biomasa y el oxígeno del aire. Consisten en una serie de discos montados en un eje horizontal que giran a baja velocidad (inferior a cinco revoluciones por minuto), los cuales alternan el contacto con el agua residual y el aire promoviendo el proceso aerobio y formando una película delgada de microorganismos conocida como biopelícula, la cual se establece en la superficie de los discos.

Los procesos de tratamiento biológicos, combinados con una sedimentación primaria, típicamente remueven 85% de la demanda biológica de oxígeno (DBO) y los sólidos sedimentables y algunos metales pesados presentes en las aguas residuales. Cuando estos procesos se combinan con una desinfección proveen una sustancial, pero no completa, remoción de virus y bacterias.

Tratamiento terciario

El tratamiento terciario y/o tratamiento avanzado es aquel que se emplea cuando un constituyente específico del ART no puede ser removido a través del tratamiento secundario. Este tratamiento también puede implicar técnicas de separación físico-química tales como adsorción, floculación-precipitación, membranas para filtración avanzada, intercambio iónico y ósmosis inversa.

Cuando se combinan varios de estos tratamientos avanzados, se puede conseguir cualquier grado de control de la contaminación deseado. A medida que las aguas residuales se purifican a niveles cada vez más altos, mediante estos procesos avanzados de tratamiento, los efluentes tratados pueden ser reutilizados para el riego urbano, paisajístico y agrícola, refrigeración industrial y procesamiento, usos recreativos y recarga de acuíferos, e incluso un aumento indirecto del suministro de agua potable (EPA, 2012).

CUADRO 3. DESCRIPCIÓN GENERAL DE LOS NIVELES DE TRATAMIENTO DE AGUAS RESIDUALES.

Nivel	Descripción
Preliminar	Remoción de los constituyentes tales como trapos, palos, materiales flotantes, bolsas, etc., y grasas que podrían causar problemas de mantenimiento u operación de los equipos y procesos de depuración posteriores.
Primario	Eliminación de una porción de los sólidos suspendidos y la materia orgánica del agua residual.
Primario avanzado	Sustracción de una mayor proporción de sólidos suspendidos y materia orgánica por la introducción de químicos y filtración.
Secundario	Remoción de materia orgánica biodegradable (en solución o suspensión) y sólidos suspendidos. La desinfección es generalmente incluida en la definición convencional del tratamiento secundario.
Secundario con remoción de nutrientes	Eliminación de constituyentes orgánicos biodegradables, sólidos suspendidos y nutrientes (nitrógeno, fósforo o ambos).
Terciario	Sustracción de sólidos suspendidos residuales (después del tratamiento secundario) usualmente por filtración granular o micromallas. La desinfección es también una parte integrante típica del tratamiento terciario. La remoción de nutrientes también está incluida.
Avanzado	Remoción de materiales disueltos y en suspensión remanentes después de un proceso de remoción biológico normal cuando se requiere reusar el agua en alguna aplicación específica.

Fuente: Metcalf & Eddy (2007).

Normas oficiales mexicanas

La escasez del recurso hídrico ha generado la necesidad de utilizar ART en actividades tales como la agricultura, el riego de jardines, entre otras. De acuerdo con información de la Organización Mundial de la Salud (OMS), la utilización de ART en la agricultura puede generar una serie de efectos adversos para los agricultores y consumidores, si no se realiza con las medidas de seguridad adecuadas. Por ello, es de gran importancia garantizar la inocuidad de los cultivos, así como la salud de los agricultores cumpliendo con la normatividad establecida.

Los efectos del uso del ART en la agricultura pueden implicar la degradación del suelo y los recursos naturales como los cuerpos de agua superficiales, subterráneos. La Secretaría del Medio Ambiente y Recursos Naturales (Semarnat) es la dependencia de gobierno que tiene, como propósito fundamental, constituir la política de Estado de protección ambiental, que revierta las tendencias del deterioro ecológico y siente las bases para un desarrollo sustentable en el país. Es la encargada de expedir las Normas Oficiales Mexicanas (NOM) del sector ambiental, con el fin de establecer las características, especificaciones, criterios y procedimientos, que permitan proteger y promover el mejoramiento del medio ambiente y los ecosistemas, así como la preservación de los recursos naturales.

En materia de aguas residuales, las normas aplicables se enlistan a continuación:

- NOM-001-Semarnat-2021. Establece los límites permisibles de contaminantes en las descargas de aguas residuales en cuerpos receptores propiedad de la nación, publicada el 11 de marzo de 2022. En los cuadros 1 y 2 se muestran los parámetros y límites permisibles que entraron en vigor, según el artículo segundo transitorio de la misma publicación el 3 de abril de 2022, que corresponde al inicio del trimestre inmediato al siguiente año de la fecha de su publicación. Sin embargo, de forma puntual indica en el artículo tercero transitorio que los parámetros y límites permisibles de color verdadero y toxicidad aguda previstos en el cuadro 1, entrarán en vigor al cuarto año de la fecha de publicación, es decir, hasta el 11 de marzo de 2026 (Semarnat, 2022).

- NOM-001-Semarnat-1996. Determina los límites máximos permisibles de contaminantes en las descargas de aguas residuales en aguas y bienes nacionales. Perdió vigencia parcial a partir del 1 de julio de 2019.
- NOM-003-Ecol-1997. Instaura los límites máximos permisibles de contaminantes para las aguas residuales tratadas que se reúsen en servicios al público.
- NOM-014-Conagua-2003. Especifica los requisitos para la recarga artificial de ac uíferos con agua residual tratada (Semarnat, 2009a).
- NOM-015-Conagua-2007. Establece las características y especificaciones de las obras y del agua, así como sobre la infiltración artificial de este recurso a los acuíferos, (Semarnat, 2009b).

Para la correcta utilización y gestión de las ART en la agricultura es necesario cumplir con la normatividad mexicana y las regulaciones de calidad dirigidas particularmente al reúso del ART en dicho sector. Una de estas disposiciones es la NOM-001-Semarnat-1996, que incluye, en el apartado de definiciones, el concepto "riego no restringido" como la utilización de agua residual destinada a la actividad de siembra, cultivo y cosecha de productos agrícolas en forma ilimitada como forrajes, granos, frutas, legumbres y verduras, a aquella que cumple con límites máximos de contaminantes más estrictos. De igual forma, define como "riego restringido" a la utilización de aguas residuales cuyas concentraciones de contaminantes pueden ser mayores a las de riego "no restringido", que también son utilizadas en el riego de productos agrícolas, a excepción de legumbres y verduras que se consumen crudas. A su vez, establece que el límite máximo permisible para las descargas vertidas al suelo (uso en riego agrícola) es de un huevo de helminto por litro para riego no restringido y de cinco por litro para riego restringido. Señala que, para determinar la contaminación por patógenos, se debe tomar como indicadores a los coliformes fecales, especificando que serían de 1 000, como número más probable (NMP), por cada 100 ml en promedio para los muestreos diarios y de 2 000 NMP/100 ml en promedio para los mensuales.

Posteriormente, el 11 de marzo de 2022 se publicó, en el *Diario Oficial de la Federación*, la NOM-001-Semarnat-2021, que cancela a la NOM-001-Semarnat-1996. Cabe mencionar que la NOM-001-Semarnat-2021 no hace alusión a estos tipos de riego restringido y no restringido y, de forma general, indica que para el riego de áreas verdes e infiltración y otros riegos (sin distinción al cultivo) el agua de descarga al suelo debe contener como máximo 1 huevo de helminto por litro de agua, en el promedio mensual, diario o el valor instantáneo. Esta norma establece la calidad bacteriológica no solo con la cantidad de coliformes fecales en general, sino de forma específica *Escherichia coli* con 250, 500 y 600, y enterococos fecales con valores de 250, 400 y 500 NMP/100 ml para los promedios mensuales, diarios y el valor instantáneo, respectivamente, tanto para el riego de áreas verdes como otros. A su vez, se incluye el parámetro de toxicidad aguda con valor máximo de dos unidades para las descargas a todos los tipos de cuerpos receptores a los 15 minutos de exposición. Particularmente, el cumplimiento de los límites para toxicidad aguda y color verdadero entrarán en vigor en marzo del año 2026. Como se observa, esta norma es más restrictiva que la NOM-001-Semarnat-1996.

Por su parte, la NOM-003-Ecol-1997, aunque no se refiere específicamente al reúso en riego agrícola, establece lineamientos de calidad fisicoquímica y bacteriana para el contacto directo, o bien, el ocasional, como sucede con el riego en jardines, camellones de autopistas y avenidas, fuentes de ornato, lagos artificiales no recreativos, campos de golf, entre otros reúsos. Refiere los niveles máximos de concentraciones de metales pesados y cianuros a la NOM-001-Semarnat-1996.

En la figura 2 se muestra un diagrama de flujo general basado en la calidad del agua del efluente de la PTAR para el reúso del ART en la agricultura, descargado a diversos tipos de cuerpos receptores y considerando que se puede tratar de productos agrícolas que se consumen crudos y que, durante el proceso de siembra, cultivo y cosecha, los operadores pueden entrar en contacto directo con el agua ya sea de forma permanente u ocasional.

Aunque en el reúso del ART en la agricultura no se tiene el propósito de infiltrar el agua al acuífero, es frecuente que la aplicación en exceso del agua de riego alcance por infiltración vertical capas más profundas del suelo y, eventualmente, estas aguas lleguen al acuífero, o bien, que se construyan reservorios, principalmente para riego presurizado sin recubrimientos impermeables y las pérdidas por infiltración en el lecho del reservorio recarguen el acuífero, de forma no intencional en ambos casos. En este sentido las normas NOM-014-Conagua-2003 (Semarnat, 2009a) y NOM-015-Conagua-2007 (Semarnat, 2009b) permiten considerar los lineamientos normativos de estos procesos.

Figura 2. Diagrama de flujo de la normatividad mexicana para el uso de aguas residuales tratadas para riego agrícola.

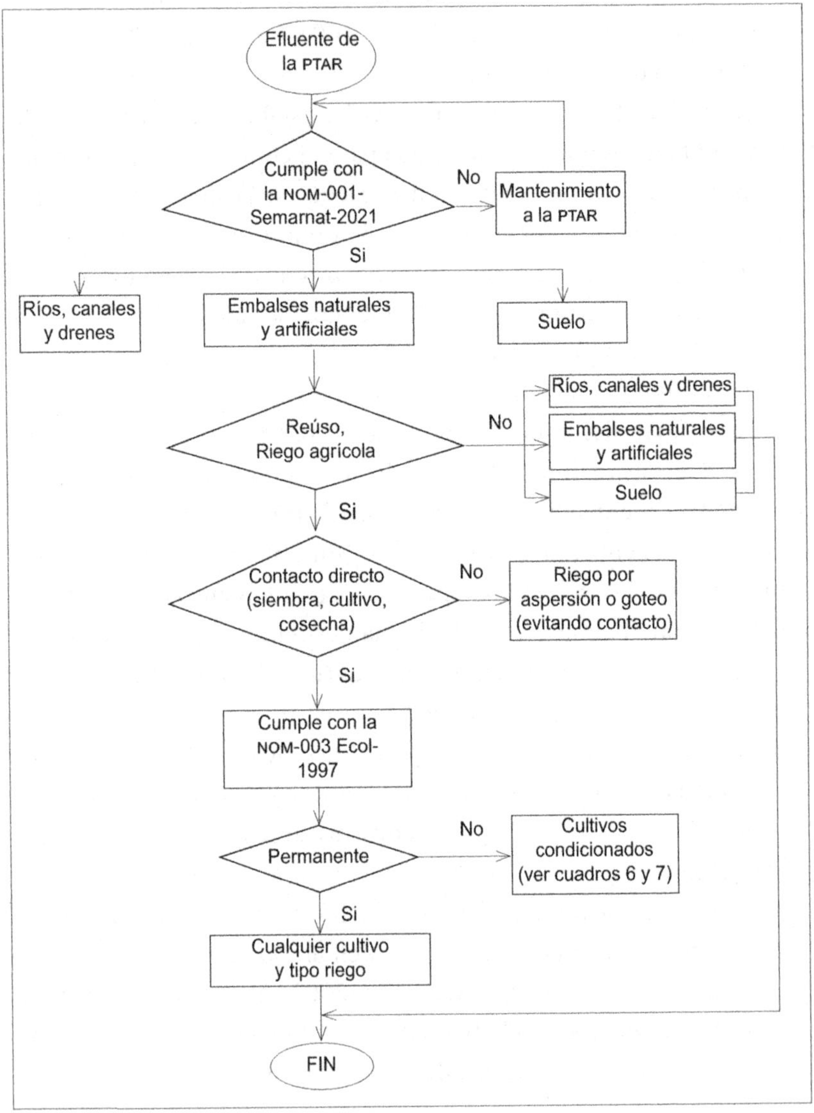

Fuente: Elaboración propia.

PROGRAMAS DE MONITOREO DE CALIDAD

Un componente esencial para el uso de las ART en la agricultura, son los programas de monitoreo de calidad del efluente de las PTAR, los suelos y los cultivos, los cuales consisten en analizar sus parámetros físico-químicos y bacteriológicos. Estos programas tienen la finalidad de proteger los terrenos de los agricultores, a estos mismos y su inversión en el cultivo, la vida acuática, los cuerpos de agua superficiales, el acuífero, la población, los consumidores, entre otros, así como al ganado alimentado con forraje regado con ART.

De acuerdo con el *Manual de uso de aguas residuales*, editado por la Conagua (2010), el monitoreo de la calidad de agua debe realizarse en:

- Sistemas de tratamiento de agua (PTAR)
- Transporte y almacenamiento de agua
- Cuerpos receptores
- Agua aplicada al riego
- Cultivos
- Agua subterránea
- Suelos
- Drenaje y retornos agrícolas

En el *Reuse of Treated Wastewater Guidance Manual* de Pensilvania se recomienda considerar estos cinco puntos como parte del monitoreo del ART antes de ser utilizada en el reúso (DEP, 2012).

- Toda el ART debe cumplir con los estándares establecidos, como valor medio mensual, basado en el análisis de un número apropiado de muestras, en función del tipo de cultivo. En el caso de México no tenemos normas específicas por cultivo, pero para la calidad del agua podría ser la norma NOM-001-Semarnat-2021.

- Se debe considerar un apartado de "otros contaminantes" en la lista de parámetros a monitorear, que incluya los contaminantes potenciales según el tipo de reúso particular que se vaya a dar, el tipo de riego a utilizar y la condición fisicoquímica del suelo. Para prevenir la degradación de las fuentes de agua, es necesario considerar el cumplimiento de los niveles máximos de contaminantes con base en el promedio anual cuatrimestralmente. Estos periodos pueden cambiar en el caso de México, según el nivel de depuración que se requiere por el tipo de cultivo.
- Ningún parámetro debe exceder el límite establecido como máxima concentración por la norma. Este criterio se sigue ordinariamente en la aplicación de las NOM en México que son de cumplimiento obligado.
- Las muestras de agua para análisis deben tomarse en el punto de descarga de la PTAR. Para evaluar el funcionamiento de la PTAR se aconseja tomar en cuenta muchos factores, tanto de diseño como operativos o de mantenimiento.
- La toma de muestras de agua, para analizar coliformes fecales y productos que se deseen eliminar en la desinfección, debe hacerse justo antes de su reúso. Esto con la finalidad de identificar procesos de infección o reinfección durante la conducción hacia el sitio de reúso o bien durante el almacenamiento.

Confiablidad del sistema de tratamiento

El sistema de tratamiento debe seguir una serie de pasos que le permitan generar confiabilidad, es decir, para evitar la distribución de agua tratada de forma ineficiente que no cumpla con los requerimientos de calidad para su reúso, debido a circunstancias como cortes de energía eléctrica, fallas en el proceso, descomposturas en el equipo de tratamiento. Esta confiabilidad debe apoyarse en la instalación de una planta eléctrica y equipo adicional de respaldo en los procesos de depuración, sitios de almacenamiento o disposición del ART que no puede ser aplicada al cultivo por su inadecuado tratamiento; una PTAR satélite de apoyo para mejorar el tratamiento (DEP, 2012), o bien, como se comentó antes, un emisor de agua alterno que permita desviar el ART en condiciones fuera de la norma para uso agrícola a un cuerpo de agua nacional.

Protocolos de operación de la PTAR

La operación de la PTAR debe contar con protocolos que describan cómo va a ser su operación para asegurar que solo el agua residual que cumpla con las especificaciones estándares de calidad preestablecidas será reusada y podrá ser dirigida al sistema de irrigación de los cultivos. Estos protocolos de operación son instructivos detallados de la operación de la planta. Deben ser avalados y autorizados por la Conagua, las autoridades del sector agrícola a nivel estatal y la Secretaría del Campo y Seguridad Alimentaria (SCSA). Los protocolos deberán ser específicos para el reúso propuesto en el proyecto, en este caso para la irrigación de cultivos. A su vez, deben proporcionar garantías razonables de que se cumplirán los requisitos de tratamiento y desinfección requeridos para el reúso (DEP, 2012). Este protocolo de operación debe incluir, como mínimo:

1. Los criterios que serán utilizados para hacer determinaciones continuas de la aceptabilidad del agua tratada para ser reusada. Debe incluir tanto los sitios de muestreo y parámetros que

van a ser medidos, de forma continua, dentro del proceso de depuración, como el equipo y métodos de monitoreo utilizado.

2. Los pasos y procedimientos que debe ser seguidos por el operador de la PTAR cuando no se alcancen los estándares de calidad requeridos por las normas para su reúso.
3. Los pasos y procedimientos que deben ser seguidos por el operador de la PTAR cuando el proceso de depuración regrese a su operación normal y se vuelvan a alcanzar los estándares de calidad requeridos por el ART para su reúso.
4. Los pasos que deben ser tomados cuando no haya demanda de ART en el sistema de cultivo, por cuestiones relativas al cultivo mismo o a eventos fortuitos.
5. Procedimientos de encendido de la PTAR después de una suspensión del proceso.

Actualización de los protocolos

Los protocolos deben ser continuamente revisados, con el fin de que puedan seguir siendo apropiados tanto al sistema de depuración como al reúso del ART, asimismo, para que sigan asegurando un desempeño correcto del sistema de depuración y cumpliendo con la calidad del efluente. Las propuestas de modificación de los protocolos deben ser documentadas y justificadas ampliamente y tienen que aprobarse de nueva cuenta por los organismos reguladores federales y estatales, e incluir lo siguiente:

1. Indicar los procedimientos actuales, las modificaciones propuestas en función del reúso del ART.
2. Evaluar la efectividad de los procedimientos y criterios, asegurando que se cumplan los estándares necesarios para al-

canzar la calidad del agua. Esto incluye una evaluación de cualquier violación de los requerimientos permitidos durante su periodo de aplicación.

Acuerdos entre los responsables de las PTAR y los usuarios agrícolas

Se debe establecer un acuerdo vinculante, por escrito, entre los responsables del funcionamiento de la PTAR que producirá el ART para el reúso y la organización de usuarios del ART. Se debe considerar que:

1. Este acuerdo debe indicar el lugar, volumen y los requerimientos de calidad del ART que el responsable de la PTAR proveerá a los usuarios.
2. Cuando el responsable de la PTAR proporcione agua para su reutilización en propiedad del usuario se requerirá un acuerdo vinculante entre las partes involucradas. Tal instrumento es requerido para todos los sitios de reutilización que no pertenecen al titular del permiso de descarga o reúso.

El poseedor del permiso de descarga suele ser el organismo operador del agua potable y alcantarillado, administrado por el municipio o por la entidad federativa. En el caso del estado de Baja California, por ejemplo, la Comisión Estatal de Servicios Públicos (CESP) es la que tendrá la responsabilidad principal de asegurar el cumplimiento de todos los requisitos de las regulaciones que contrajo con la Conagua; en tanto que en lo que respecta al área metropolitana de Guadalajara, dicha función le corresponderá al Sistema Intermunicipal de los Servicios de Agua Potable y Alcantarillado.

El acuerdo entre la CESP y el usuario del ART deberá detallar cómo se cumplirán los requerimientos del programa de reúso, y deberá firmarse por las partes involucradas.

Reportes anuales del reúso

Una vez que la CESP recibió la autorización para que la PTAR entregue el agua para su reutilización y la haga llegar hasta el usuario, se recomienda que tanto el titular del permiso de descarga —en el caso de Baja California, la CESP— como el usuario emitan un reporte anual del reúso a las dependencias estatales y federales involucradas: la Comisión Estatal del Agua (CEA), la SCSA y la Conagua.

Este reporte debe incluir:

1. El volumen total de ART reutilizada en la actividad del proyecto y el total de este recurso producido por la PTAR.
2. El volumen anual entregado a cada uno de los usuarios u organizaciones de usuarios, así como el tipo riego y cultivo en que se aplicó el ART.
3. El volumen entregado a cada usuario durante el ciclo agrícola.
4. Las actualizaciones de los protocolos de operación, los eventos de no cumplimiento de las especificaciones de calidad, los volúmenes desviados de la descarga al reúso, los volúmenes almacenados, etcétera.

Este reporte permitirá evaluar el éxito de la reutilización del ART, identificar los percances sufridos, la forma en que fueron abordados con el objeto de mejorar tanto la entrega como la recepción del ART en el año siguiente.

A su vez, permitirá evaluar el crecimiento de la superficie agrícola para aumentar el volumen de reúso, o bien, la disminución de los volúmenes entregados y la reducción de la superficie irrigada.

CAPÍTULO 3. SELECCIÓN DEL SITIO

La selección del sitio en el que se llevará a cabo el reúso depende de varios factores que deben tenerse en cuenta para la formulación de un proyecto de reúso del ART. Muchos de estos son de orden operativo, sin embargo, otros son ambientales. Uno de ellos es la ubicación de la PTAR con respecto al sitio de reúso. La ubicación del sitio de reúso y sus características agronómicas actuales y proyectadas por el reúso, el tipo de suelo, la conducción del ART hasta el sitio de irrigación, el tipo de riego y los posibles impactos ambientales.

En este libro se aborda con especial énfasis la reducción de la contaminación potencial de cuerpos de agua, tanto superficiales como subterráneos. Esto por dos razones fundamentales, igualmente importantes. Primero, si se trata de una zona con un alto déficit hídrico, como el caso del estado de Baja California, en la que la dependencia de las actividades productivas del agua subterránea es de suma importancia, la preservación de la calidad del agua de los acuíferos es analizada de forma detallada. Segundo, los ecosistemas de zonas semidesérticas son dependientes del agua subterránea más que del agua superficial que sólo se presenta algunos días al año, por lo que alteraciones en la calidad o nivel del agua subterránea provocan daños a estos ecosistemas cuyo restablecimiento es de largo plazo. Finalmente, se hace una revisión de los criterios que deben considerarse para establecer la extensión de una zona de riego con ART.

Ubicación del sitio de la PTAR

Uno de los principales criterios para ubicar el sitio del proyecto de la PTAR es que esta se ubique en una zona baja con respecto a las viviendas a las que se pretende servir y de la red de drenaje existente, con la finalidad de conducir las aguas residuales hacia la PTAR por gravedad. Esto para hacer económicamente factible el servicio de recolección y tratamiento de aguas residuales a la mayor cantidad de población posible. Otros criterios a tomar en cuenta son la factibilidad de operación, la cual permita ofrecer servicios de saneamiento a los pobladores de la localidad, y que la adquisición del predio también sea factible, sin afectar a terceros en materia de tenencia de la tierra y/o propiedad.

Por otra parte, para seleccionar la ubicación de la PTAR, además del proceso de recolección comentado en el párrafo anterior, debe tenerse en cuenta el sitio de descarga del efluente, considerando los siguientes criterios (Geomar Consultores, 2009):

- Evitar la descarga directamente a cuerpos de agua (ríos, mares y lagos) con la finalidad de conservar dicho sistema ambiental y minimizar los posibles impactos en estos, aun cuando se cumpla con los límites de la NOM-001-Semarnat-2021.
- Se recomienda, ubicar la PTAR lo más próximo posible al sitio de descarga autorizado para minimizar los costos de inversión por concepto de bombeo y rebombeo del ART.

- Procurar que la ubicación del sitio de descarga del efluente sea accesible para su reúso y, de ser posible, cercano a los sitios potenciales de reúso a futuro. En este punto, es importante considerar la visión de los planificadores urbanos y el plan de desarrollo de la ciudad.
- Si la calidad del agua es adecuada, es decir que cumpla con la NOM-014-Conagua-2007, también se debe considerar la factibilidad de que las ART puedan infiltrarse en forma paulatina y natural al subsuelo, lo cual puede contribuir a recargar el manto freático.

Ubicación del sitio para el reúso

Desde el punto de vista ambiental, los criterios para la selección del sitio para el reúso deben tener en cuenta las características hidrológicas. Es decir, la relación hidrológica de las aguas superficiales y subterráneas antes de la aplicación del ART. La permanencia del agua en los cauces efímeros que pueden entrar en contacto con el ART, así como, la recarga de los mantos acuíferos por estos cauces, o viceversa. En algunos casos el reúso del ART disminuye la presión hídrica sobre los acuíferos y frena o disminuye la intrusión salina en el caso de acuíferos costeros. Sin embargo, debe considerarse el impacto de la calidad del ART al mezclarse con las aguas naturales, tanto superficiales como subterráneas, antes de su aplicación.

Tipo de suelo

La textura del suelo no influye directamente en la selección de cultivos con ART; sin embargo, algunas combinaciones de textura y estructura del suelo y la presencia de capas impermeables pueden ser un criterio importante para la selección de estos (Asano & Pettygrove, 1985).

Por tanto, es importante conocer las propiedades que presenta el suelo, tanto las intrínsecas como las extrínsecas. Las intrínsecas son todas aquellas inherentes al suelo, como sus propiedades físicas y químicas que se determinan de manera puntual con un margen de variabilidad, estas son extrapolables a una superficie de mayor o menor tamaño. Las extrínsecas son aquellas que definen el medio en el cual se desarrolla el suelo, como son el relieve, el clima, la vegetación, entre otros aspectos (Dorronsoro, 2002).

Uno de los parámetros importantes a considerar, al momento de determinar si los suelos son aptos o no para la agricultura, es la presencia de metales pesados y cianuros, por lo cual es fundamental tener en cuenta los límites máximos permisibles (véase el cuadro 4). Otro es la consideración de la permeabilidad del suelo, ya que suelos con baja permeabilidad, con problemas de drenaje y de textura arcillosa no son recomendables para regarse con aguas residuales tratadas que usualmente contienen altas concentraciones de sales y materiales en suspensión.

Conducción del ART

El *Reuse of Treated Wastewater Guidance Manual* (DEP, 2012) indica que la tubería de conducción de las ART para su distribución debe estar completamente separada a una distancia horizontal de 3.4 m del sistema para abastecimiento de agua potable y 0.45 m en distancia vertical en cruces, para evitar que el agua potable se contamine por posibles filtraciones del ART. Las tuberías del ART pueden confundirse fácilmente con las de agua potable, por lo que, tanto las tuberías como los accesorios utilizados con ART deben ser de color especial (morado), o bien tienen que estar marcadas de forma inequívoca, de modo que resulten fácilmente identificables. Otra posibilidad es la utilización de un material distinto para las tuberías de ART. Todas las tuberías enterradas de materiales no metálicos deben colocárseles una cinta metálica a 0.30 m arriba del lomo del tubo para su localización desde la superficie (DEP, 2012).

CUADRO 4. Límites máximos permisibles para metales y cianuros en suelos agrícolas.

Parámetros medidos de manera total (mg/l)	Suelo de uso agrícola	
	Promedio mensual	Promedio diario
Arsénico	0.2	0.4
Cadmio	0.05	0.1
Cianuro	2	3
Cobre	4	6
Cromo	0.5	1
Mercurio	0.005	0.01
Níquel	2	4
Plomo	5	10
Zinc	10	20

Fuente: Cisneros-Estrada et al. (2001).

Es necesario que la instancia encargada de la operación y mantenimiento de la conducción del agua del efluente, desde la planta y hasta el sitio de reúso, resguarde todos los archivos de los planos y mantenga actualizada la información, con la finalidad de evitar riesgos a la hora de hacer cualquier tipo de perforación cercana a dichas tuberías. Además de lo anterior, es necesario que todas las válvulas y las llaves del sistema del ART estén marcadas con sus correspondientes advertencias, así como tener un color específico, etiquetas y marcas, para que sean identificadas con facilidad (Pettygrove & Asano, 1985).

El diseño de la línea de conducción depende de la siguiente información: el gasto mínimo y máximo de las ART que entrega el emisor de la PTAR, de la sección o secciones topográficas en la zona de vertido. El DEP (2012) indica que la velocidad máxima debe ser de 2 ft/s (pies por segundo) (0.6096 m/s), que soporte una presión mínima de 20 psi (libra de fuerza por pulgada cuadrada) (1.4061 kgf/cm^2) y considerando una presión de trabajo de 60 psi (4.2184 kgf/cm^2). Se debe tener en cuenta, en el diseño del emisor, el aumento del volumen tratado por el crecimiento demográfico, así como el incremento en la cobertura del servicio de alcantarillado y drenaje sanitario.

Es recomendable que la PTAR se encuentre en una cota topográfica mayor al sitio de reúso, con lo cual la conducción del ART hasta las tierras de cultivo podrá realizarse por gravedad. La elevación de la plantilla del emisor en la descarga deberá estar por encima del nivel de los reservorios a pie de parcela.

Como se comentó anteriormente, la demanda de agua de los cultivos no es constante en el tiempo, por lo que resulta necesario utilizar sistemas de almacenamiento del ART. En los casos en que el volumen supere la capacidad de almacenamiento, será necesario contar con un emisor que descargue el ART en un cuerpo de agua nacional (lecho del río, laguna, lago o mar), a lo que se llaman descargas intencionales. Si el cuerpo receptor es el mar, resulta necesario que el emisor se prolongue a cierta distancia de la ribera hasta alcanzar aguas profundas, o donde las corrientes produzcan una mezcla de los líquidos residuales con el agua de mar, esto con la finalidad de evitar contaminación en las playas próximas (Conagua, 2009).

En ocasiones, se requiere descargar el ART temporalmente por diversas razones: ajustes en el sistema de distribución de agua, tanto en el emisor como en las parcelas; recepción de volúmenes mayores a los demandados por los cultivos; y condiciones climatológicas que aporten agua adicional a la zona (tormentas extraordinarias). En estos casos debe tenerse en cuenta la posible contaminación no intencional en el sitio de descarga y del acuífero.

De igual forma, deben considerase descargas accidentales ocasionadas por eventos extraordinarios como daños en el emisor del ART o en el sistema de almacenamiento (perforación de tubería o rompimiento de la geomembrana) o eventos catastróficos (sismos, tornados, grandes avenidas de ríos). Como en los casos anteriores, tiene que tomarse en cuenta la contaminación producida por estos derrames.

De forma general, los factores a considerar en el diseño de la conducción y almacenamiento del ART a la zona de reúso, en este caso a las tierras de cultivo, son los siguientes:

- Gasto máximo y mínimo que la planta de aguas residuales entregaría para reúso.
- Topografía del terreno desde la PTAR hasta el punto de entrega a lo largo de la conducción del emisor del efluente.
- El tipo de cultivo que se va a regar, indicando regímenes de riego y la demanda de agua.
- El sistema de riego a utilizar, para incluir tanques de almacenamiento, de ser necesario.

- Permeabilidad del terreno y factibilidad para drenarlo.
- Elevación del nivel freático.

Otro factor a considerar es la hermeticidad de la tubería de conducción, con lo cual se asegura que no habrá fugas del ART y, por lo tanto, se evitaría la contaminación del suelo y el acuífero por fallas en las uniones de los elementos que conforman el sistema de conducción. Las pruebas de hermeticidad deberán realizarse conforme a la NOM-001-CNA-1995 (Conagua, 1996). Esta norma hace responsable al organismo encargado del drenaje sanitario de la correcta aplicación de las especificaciones de construcción que se hayan establecido en el contrato para asegurar la hermeticidad del sistema y su correcta funcionalidad (Conagua, 2009).

PROTECCIÓN DE CUERPOS DE AGUA

AGUAS SUBTERRÁNEAS

El reúso del ART municipal y particularmente la aplicación de este recurso con fines de riego agrícola requieren la conducción desde la PTAR hasta la zona de cultivo, el almacenamiento en la parcela (estanques conocidos como reservorios) y la irrigación de la parcela. A lo largo de estas tres etapas pueden llevarse a cabo procesos puntuales o difusos de infiltración que podrían incorporarse al acuífero de forma intencional, no intencional o accidental. En estos casos, la calidad de agua del acuífero puede verse mermada, contaminándose de forma temporal o irreversiblemente su calidad. Es por ello que, desde hace más de 50 años, comenzó a observarse un interés por recargar artificialmente los acuíferos con ART (Australia) estudiando la migración de contaminantes en el suelo, la zona no saturada y el acuífero, así como la capacidad del subsuelo en los tres estratos mencionados para depurar o al menos mejorar la calidad del agua (Dillon, Pavelic, Page, Beringen & Ward, 2009). Los procesos de migración de contaminantes ahora son conocidos con mayor detalle; sin embargo, la heterogeneidad de los suelos y las diferencias en composición química y bacteriológica hacen que la magnitud e intensidad de estos procesos no pueda ser extrapolada de forma directa. En México, la NOM-014-Conagua-2003 regula la calidad del agua para recarga artificial al acuífero, con el objeto de proteger el recurso hídrico subterráneo.

Sin embargo, debe tenerse en cuenta que el reúso del ART en el riego de cultivos agrícolas no pretende, como objetivo primordial, recargar el acuífero, por lo que el volumen del ART infiltrada debería ser una pequeña proporción del volumen de agua aplicado. Y si bien el volumen depende de diversos factores —que se mencionan líneas abajo—, también se debe considerar que la extensión de la aplicación del agua (decenas de hectáreas, en algunas ocasiones) y el proceso de infiltración pueden llegar a ser factores de contaminación importante. Esto le confiere un carácter de contaminación difuso.

Entre los factores que se deben tener en cuenta para evaluar los posibles impactos del ART aplicada en zonas de cultivo sobre el acuífero, se encuentran los siguientes:

- Tipo de riego aplicado.
- Calidad de agua del ART y del acuífero.
- Aplicación de volúmenes excedentes de agua.
- Textura de suelo.
- Profundidad al nivel freático.
- Dirección de flujo regional.

- Distancia de la PTAR al sitio de reúso.
- Construcción de reservorios.

A continuación, se hará un breve análisis de cada factor y sus posibles impactos considerando las tres partes del proceso del reúso con el propósito de que se tenga en cuenta al diseñar un programa de reúso del ART con fines agrícolas:

a) Tipo de riego aplicado. El tipo de riego aplicado más recomendable para disminuir el volumen de agua infiltrado al acuífero es el de goteo, tanto por la reducida cantidad de agua aplicada como por la eficiencia en la aplicación del riego (de 70 a 98%). Mientras que riegos por inundación en melgas pueden alcanzar eficiencias entre 45 y 60%; en surcos de 50 a 65%; y aspersión de 65 a 80% (Lazarova & Bahri, 2005).

b) Calidad de agua del ART y del acuífero. La percolación del ART al acuífero puede impactar de forma negativa por contener niveles de concentración de iones mayoritarios y metales pesados, así como organismos patógenos mayores a los que tiene de forma natural el acuífero. Para evaluar el impacto por la mezcla de estos dos tipos de agua se debe obtener la composición fisicoquímica y bacteriológica tanto del ART como del agua nativa del acuífero. Se ha demostrado que el paso del ART a través de la zona no saturada mejora la calidad química y bacteriológica del agua, por lo que entre más profundo se encuentre el nivel freático, se espera una menor contaminación (Drewes, 2009).

c) Aplicación de volúmenes excedentes de agua. El incremento en la concentración de sales del ART obliga a que se apliquen mayores volúmenes del recurso en las parcelas para movilizar las sales de la zona radicular hacia estratos más profundos, que en ocasiones alcanza el nivel freático. El riego por inundación en sí mismo, permite la movilización del ART hacia estratos más bajos con facilidad, lo que para zonas con escasa profundidad al nivel freático hace necesaria la implementación de un sistema de drenaje parcelario. El riego por aspersión requiere una aplicación mayor de agua para lixiviar las sales a estratos más profundos y, como en el caso anterior, cuando los niveles freáticos son someros necesita un sistema de drenaje que evacúe el agua infiltrada y mantenga profundo el nivel freático, fuera del alcance de las raíces del cultivo. Por su parte, el riego localizado por goteo superficial o subsuperficial acumula las sales de forma radial al sitio del goteo y entre puntos de goteo (Lazarova & Bahri, 2005).

d) Textura del suelo. Los suelos ligeros y arenosos poseen una capacidad de infiltración mayor, lo que provoca que la humedad en el suelo se pierda rápidamente y sea necesario aplicar volúmenes de agua mayores para mantenerla por mayor tiempo. Si el horizonte de suelo mantiene su textura arenosa hasta el nivel freático, el ART alcanzará el acuífero rápidamente. De lo contrario, suelos más pesados, con contenidos de arcilla mayores, requieren menores cantidades de agua y su paso a través del horizonte de suelo es más lento y, en general, se lixivian volúmenes menores. Los suelos con mejor balance textural para el uso de ART son los de textura media (Metcalf & Eddy, 2007).

e) Profundidad al nivel freático. Uno de los aspectos más importantes a considerar en la evaluación de una zona de riego con ART es la profundidad del nivel freático; este factor puede interferir significativamente en el crecimiento de los cultivos, así como en la infiltración del ART. Pettygrove y

Asano (1985) consideran que la profundidad del nivel freático debe estar situada entre 0.9 y 1.2 metros o incluso mayor. Los niveles del acuífero somero, como se comentó en puntos anteriores, requieren la construcción de una red de drenaje que evacúe el agua, que puede ser subterránea dentro de las parcelas, o bien únicamente en los bordes de las parcelas, con canales a cielo abierto. En ambos casos, una gran parte del ART utilizada para la irrigación se retira del sistema acuífero.

f) Dirección de flujo regional. La movilización del ART percolada hasta el acuífero está gobernada de forma local por la elevación del nivel freático, debajo de la zona de infiltración. No obstante, el flujo regional del acuífero gobierna el movimiento fuera de la zona de infiltración. Por lo anterior, se debe tener en cuenta que las zonas a regar con ART no se ubiquen aguas arriba de captaciones para el abastecimiento de agua potable o para el cultivo de productos de consumo crudo, que puedan ser impactados adversamente por la calidad de esta agua.

g) Distancia de la PTAR al sitio de reúso. La conducción del ART hasta el sitio de aplicación del agua debe ser analizada detalladamente considerando derrames no intencionales o accidentales que pudieran percolarse al acuífero e impactarlo negativamente. Por lo anterior, para evitar la contaminación de los pozos para abastecimiento de agua potable, se recomienda colocar la tubería de conducción aguas abajo del flujo subterráneo regional, lo que impedirá que el ART derramada sea captada por dichos pozos. A su vez, hay que evaluar que la conducción por gravedad reduce los costos del ART y la hace más atractiva para su empleo en la agricultura.

h) Construcción de reservorios. Es una práctica común construir reservorios de agua, con el fin de abastecer los cultivos con riego presurizado a pie de parcela, recubiertos con geomembranas impermeables, para aumentar el rendimiento del agua aplicada. Sin embargo, dado que en ocasiones el ART se obtiene de forma gratuita (no genera un ahorro aumentar su rendimiento), no se considera la instalación de geomembranas por su alto costo de adquisición e instalación. El instalar un recubrimiento impermeable es indispensable para evitar la infiltración al acuífero desde el reservorio. El volumen infiltrado puede ser alto, dependiendo de la capacidad de infiltración del suelo, si se considera que el reservorio tiene una carga hidráulica constante, en ocasiones mayores a un metro, y por un largo periodo, que puede llegar a ser permanente. Es común que la recarga de los acuíferos se realice a través de embalses de infiltración, como lo sería un reservorio sin recubrimiento impermeable.

Con el objeto de observar la posible infiltración del ART en el acuífero, se recomienda diseñar una red piezométrica de observación del nivel freático y calidad del agua, que debe cumplir las siguientes funciones:

- Identificar el flujo regional, antes, durante y después de la instalación y operación del riego con ART. Este monitoreo debe incluir la evolución estacional (época de lluvias y secas) e incluir registros históricos para identificar además evoluciones de niveles por sequías interanuales.
- Evaluar las modificaciones del flujo regional debidas a la elevación local del nivel freático por la acción de recarga del acuífero durante el riego con ART.

- Valorar los cambios en calidad de agua por la posible infiltración del ART en las inmediaciones de la superficie de riego.
- Definir puntos potenciales de descargas como son los sitios de almacenamiento del ART (reservorios), para evaluar posibles lixiviados e infiltraciones en las inmediaciones de ellos, mediante la colocación de piezómetros.

AGUAS SUPERFICIALES

La planeación para definir una zona agrícola receptora potencial de ART como fuente de agua de riego, o bien la apertura de una zona para la agricultura utilizando este recurso, debe considerar —como parte de sus programas de prevención de contaminación— la relación de la conducción del ART desde la PTAR, el almacenamiento y la irrigación con el régimen hidrológico de la zona. Este análisis, aunque parece no ser de gran importancia, resulta parte fundamental de la protección del recurso hídrico de la zona. Si se considera que el reúso del ART en la agricultura obedece a la preocupación por hacer un uso sustentable del recurso hídrico, no es deseable contaminar o degradar la calidad del agua que aún no ha sido usada por la población, que ha sido destinada como reserva ambiental o que forma parte del ciclo hidrológico.

Todas las descargas —no intencionales o accidentales— sobre algún cuerpo de agua, en este caso superficial, deben formar parte del plan de contingencia del reúso del ART. El agua superficial, a diferencia de la subterránea, es mucho más susceptible a ser contaminada debido a que el contacto con ella es sencillo y directo. Sin embargo, cabe mencionar que la contaminación del agua superficial es identificada de forma inmediata por el olor, el color o el aspecto del recurso, por lo que en ocasiones no es necesario llevar a cabo un análisis de laboratorio para suponer una contaminación. Pero en el caso del agua subterránea, puede ser drásticamente contaminada y no ser perceptible esto hasta hacer uso de ella mediante alguna captación subterránea.

Los siguientes aspectos se deben tener en cuenta para reducir la posible contaminación o degradación del agua superficial por el reúso del ART en la agricultura:

a) Descargas bajo norma. La NOM-001-Semarnat-2021 establece los límites máximos requeridos para descargar el ART a un cuerpo receptor de agua nacional (río, lago, laguna, mar) con cumplimiento de carácter obligatorio. Por lo anterior, para la construcción de una PTAR se requiere, entre otros, el permiso de descarga del efluente en un cuerpo de agua nacional. Esta norma se centra en los cuerpos de agua superficial, incluyendo el reúso del agua en la agricultura, que como se comentó antes para cultivos no consumidos de forma directa y cruda. Sin embargo, en proyectos de reúso, se debe tener en cuenta que las descargas de agua que degradan la calidad del hábitat en los sitios de descarga no son aceptadas satisfactoriamente por la comunidad, a pesar de cumplir con la normatividad.

b) Alteración del hábitat ripario y acuático. Es frecuente que la descarga directa del ART modifique de forma considerable tanto la calidad como la cantidad del agua en el cauce del río así como el régimen de flujo, impactando el hábitat ripario y acuático. En algunas ocasiones, el ART llega a ser inclusive el total del flujo conducido por un arroyo en zonas semidesérticas, como el noroeste de México, en donde se encuentran solo cauces efímeros (únicamente llevan agua de origen natural durante y después de la lluvia) y el resto del año aguas residuales tratadas y no tratadas descargadas durante todo el año, alterando el hábitat ripario natural de forma notable. Sin embargo, cuando se pretende reusar el ART, las descargas a cuerpos de agua superficiales suceden de forma no intencional o no planeada, e inclusive de forma accidental. En estos casos, se debe considerar el impacto a estos hábitats de climas semidesérticos que han desarrollado una dependencia anual del agua subterránea y una dependencia estacional del agua superficial.

c) Infiltración de cauces y lagos al acuífero. Las descargas no intencionales o accidentales de agua a cauces superficiales aumentan el flujo de agua en el arroyo en cuestión, dando lugar a un aumento en la infiltración del ART al acuífero a través del lecho del río. En el caso de arroyos efímeros, la desconexión hidráulica del acuífero con el lecho del río da lugar a tasas de infiltración muy elevadas, cuando ocurre una descarga no intencional o accidental muy esporádica. Este nivel de muy baja humedad en el suelo —y la zona no saturada— es rápidamente saturado, comunicando el ART con el agua nativa del acuífero. Si el acuífero es somero podría someterse a un proceso de degradación de su calidad en salinidad, iones mayoritarios, metales pesados e inclusive en el contenido bacteriológico. Por tanto, se recomienda evaluar el impacto de este tipo de descargas en los cauces y proponer medidas de monitoreo de la calidad del acuífero y de contingencia para actuar de forma inmediata en la reducción de esta recarga no deseada del acuífero.

d) Impacto con otros usos del agua superficial. Aun cuando se cumpla con la NOM-001-Semarnat-2021 para descargar ART a un cuerpo de agua nacional, es común que algunos kilómetros aguas abajo del sitio de descarga se lleven a cabo actividades recreativas, acuacultura, pesca, por mencionar ejemplos, que pueden verse afectadas por la calidad del efluente. El éxito para la realización de un proyecto de reúso consiste en aplicar solo el volumen que el cultivo necesite, a fin de no generar excedentes que contaminen o dañen a terceros (otros sitios u otras actividades), aguas abajo de la zona de reúso. Adicionalmente, se deben considerar las posibles afectaciones, tanto a la actividad agrícola, en sí misma, como en actividades diversas realizadas con anterioridad a la aplicación del proyecto de reúso en la zona.

Para evaluar el riesgo potencial de un derrame no intencional o accidental se recomienda identificar, como primera medida, el régimen hidrológico de la cuenca o cuencas en las que está ubicada la PTAR, las líneas de conducción, el almacenamiento y, primordialmente, la aplicación del ART. Enseguida, se deben establecer al menos tres sitios de aforo y muestreo de calidad de agua en los cuerpos de agua nacional inmediatos a las descargas potenciales, para evaluar tanto la cantidad como la calidad del agua descargada de forma no intencional. Las descargas no intencionales pueden deberse a fallas en el sistema de conducción y distribución del ART con diferentes magnitudes de descarga fortuita. La ubicación de los tres sitios de monitoreo referidos puede ser la siguiente: el primer sitio debe estar aguas arriba de la descarga para evaluar el volumen y calidad del agua en el cauce antes de recibir el ART; este punto definirá las condiciones sin alteración y, en el caso de que el cauce no lleve agua, este punto será omitido. El segundo sitio, que deberá estar situado inmediatamente aguas abajo de la descarga, evaluará la cantidad y la calidad del ART vertida. El tercer sitio, ubicado entre 500 y 1 000 metros aguas debajo de la descarga (dependiendo del volumen derramado, la capacidad de conducción del río y la tasa de infiltración), medirá la evolución de la cantidad y la calidad del flujo por su transporte a lo largo del río. Con las mediciones de este último sitio se podrá evaluar el volumen infiltrado y la capacidad del sistema hidrológico para reducir el nivel de contaminantes del ART adicionalmente a su dilución con el agua dulce existente en el cuerpo receptor.

Criterios para el establecimiento de las zonas de riego

Más allá de los criterios agronómicos y climáticos que se mencionaron en apartados anteriores, así como los relativos a los tipos de cultivos y su viabilidad económica, en este apartado se mencionan los criterios para el establecimiento de las zonas de riego, en función de la relación del ART con el medio natural, para asegurar la salud pública de la población próxima a la zona cultivable y la fiabilidad del reúso.

Para ello se retoman algunos de los criterios mencionados en los dos apartados anteriores con respecto al posible deterioro de la calidad del agua, tanto de los cuerpos de agua subterráneos como los superficiales. En este análisis se debe considerar no únicamente el manejo del ART y su aplicación en condiciones de operación ordinarias, sino también en momentos en los que pudieran ocurrir eventos que provoquen derrames no intencionales o accidentales.

Con el fin de mostrar una lista general que incluya los criterios que deban tenerse en cuenta, sin el ánimo de ser exhaustiva, se presentan los lineamientos mínimos para establecer las zonas de riego con ART:

Respecto a la relación con aguas subterráneas:

1. Evaluar su situación geográfica e hidrológica con respecto a las zonas de aprovechamiento del agua potable. El Department of Environmental Protection (DEP) (2012) recomienda mantener una distancia de al menos170 metros de la superficie de regadío al punto de aprovechamiento de agua potable.
2. De acuerdo con el tipo de riego y la profundidad al nivel freático, evaluar la posible contaminación o pérdida de calidad del agua nativa del acuífero.
3. En caso de que el nivel freático sea muy somero ($\leq$ 3 m), ubicar la zona de reúso aguas debajo de la red de flujo del acuífero con respecto a las zonas de aprovechamiento de agua subterránea.
4. No incluir las zonas de recarga de agua subterránea para evitar la contaminación no intencional de esta parte del acuífero, ya que estas pueden representar la única fuente de disponibilidad de agua.
5. Monitorear la calidad del agua subterránea por la posible contaminación con ART. El DEP (2012) recomienda un piezómetro de observación aguas arriba y dos aguas debajo de la superficie irrigada. Sin embargo, para definir el número y la ubicación de estos, debe considerarse la hidrogeología del sitio.
6. El DEP (2012) recomienda contar con la composición química del agua antes del proyecto para que sea tomada como línea base, y así realizar un monitoreo mensual de demanda bioquímica del oxígeno, carbón orgánico total y halogenuros orgánicos totales, así como del nitrógeno total y coliformes fecales, además de un monitoreo anual del resto de los parámetros de la normatividad vigente; para México podría ser la NOM-014-Conagua-2003.

En cuanto a la relación con aguas superficiales:

1. Identificar los usos del agua superficial, aguas debajo de la zona agrícola propuesta para usar el ART y evitar impactos de descargas no intencionales al cauce natural, lago o laguna, que afecten esos usos.
2. No incluir las zonas de recarga de arroyos para evitar, en lo posible, la contaminación de los cuerpos de agua y con ello el recurso de la región.
3. Evaluar el impacto de la descarga del ART de forma directa al cauce del arroyo sobre su hábitat ripario. Esto con el objeto de integrar medidas preventivas que permitan reducir su impacto, o bien, no incluirlas en la poligonal del desarrollo agrícola.

Referente a la salud de la población:

1. Establecer distancia de seguridad (zona *buffer*) con poblaciones vecinas para evitar contaminación por aerosoles y el contacto directo con el ART.
2. Identificar la zona de crecimiento poblacional, según el plan de desarrollo urbano para evitar incluir estas zonas en el programa de uso del ART.
3. Ubicar los reservorios a una distancia considerable de las poblaciones aledañas.
4. Informar al público en general sobre el uso del agua residual tratada, y colocar anuncios en las entradas de los sitios de reúso y en cualquier punto en el que se tenga acceso visual al agua. Se recomienda la utilización de nomenclatura internacional y el uso del color púrpura como fondo de letreros y en la tubería de conducción de esta agua.
5. Los trabajadores que tengan acceso a estas áreas deberán ser notificados de forma escrita y recibir capacitación para evi-

tar o minimizar el contacto. Además, se recomienda que los dueños de las parcelas regadas con ART proporcionen equipo de protección personal a sus regadores (botas de hule, guantes y mascarillas, para que los utilicen en sus jornales de trabajo), con el fin de disminuir riesgos de enfermedades. Las instrucciones de sensibilización sobre los peligros del ART deben especificarse en el protocolo de operación (DEP, 2012).

CAPÍTULO 4. SELECCIÓN DE CULTIVOS

Los cultivos a regar deben ser seleccionados en función de una profunda evaluación de la calidad del ART, los rangos típicos de variación de las concentraciones de cada componente y los límites de contaminantes establecidos por la normatividad en materia de calidad del agua para uso en agricultura (Lazarova & Bahri, 2005).

El proceso de selección de cultivos que ha de realizar el agricultor está condicionado por diversos factores como son la rentabilidad, la climatología, las características del suelo y el agua, la experiencia práctica de gestión agronómica, la disponibilidad de maquinaria y mano de obra y la tradición. Aunado a los factores referidos, la sustitución de agua dulce por ART introduce condicionantes adicionales (Pettygrove & Asano, 1985).

El uso de ART influye en la selección de cultivos de acuerdo con los objetivos establecidos por el usuario con base en la calidad del agua del efluente de la PTAR. Sin embargo, cuando la calidad del agua satisface los criterios agronómicos, la utilización de ART no tendrá gran influencia en la selección del tipo de cultivo. Por el contrario, cuando el sistema de tratamiento no asegura la calidad óptima, es necesario seleccionar cuidadosamente los cultivos según las características del efluente generado para evitar riesgos potenciales a la salud (Moscoso, 1995).

Criterios de selección de cultivos

Con la finalidad de minimizar el riesgo de infecciones al ser humano por el consumo directo o indirecto de cultivos que han sido regados con ART, es necesario realizar una selección de cultivos como medida primaria de protección de la salud (Conagua, 2010). Existen pruebas que demuestran que los cultivos que se consumen crudos son los principales medios para la transmisión de enfermedades asociadas con el riego de ART (Levy, Fine & Bar-Tal, 2011).

Sin embargo, la restricción de cultivos no es una medida suficiente para la protección de los trabajadores agrícolas, ya que estos siguen expuestos al contacto con las ART. Diversos factores determinan la selección del cultivo; los más importantes son los siguientes (Conagua, 2019; Pettygrove & Asano, 1985):

1. La normativa oficial.
2. Los factores agronómicos.
3. Las condiciones climáticas.
4. Las propiedades del suelo.
5. Consideraciones económicas.

Normativa oficial

Debido a que uno de los principales elementos a considerar en la selección de los cultivos es la calidad de agua, la normatividad vigente y oficial proporciona los límites máximos permisibles de concentraciones de contaminantes fisicoquímicos y bacteriológicos, así como las especificaciones técnicas de procesos de tratamiento y monitoreo de calidad.

De acuerdo con la EPA (2012), el tratamiento mínimo del afluente deberá de ser secundario para usar el ART en riego agrícola. Sin embargo, autores como Pettygrove y Asano (1985) mencionan que el ART que fue sometida a un tratamiento primario puede ser utilizada para el riego de forrajes, algodón y producción de semillas. De igual forma, la normativa oficial mexicana (NOM-001-Semarnat-2021) permite el uso del ART para la agricultura. Sin embargo, no especifica el nivel de tratamiento, sino los límites máximos permitidos de concentración de parámetros fisicoquímicos y bacteriológicos.

El tratamiento terciario del agua residual asegura su utilización para el riego de cultivos que pueden ser consumidos crudos. Debe tenerse en cuenta que una PTAR construida para tratamiento terciario tiene que ser monitoreada para asegurar que la calidad del efluente cumple con las especificaciones de ese tratamiento.

FACTORES AGRONÓMICOS

TOLERANCIA A LA SALINIDAD Y ELEMENTOS TRAZA

La tolerancia es una propiedad desarrollada por las plantas durante procesos evolutivos, para poder perpetuar la especie en condiciones donde se produce estrés climático o edáfico constante (González, González & Ramírez, 2002).

Todos los suelos contienen sales, pero algunas de estas pueden ser un problema cuando se concentran en la zona radicular de los cultivos. La salinidad del agua es uno de los parámetros clave para determinar la viabilidad de su uso en la irrigación; sin embargo, las plantas poseen una amplia variabilidad a la tolerancia a la salinidad (EPA, 2012).

Las aguas salinas son perjudiciales por su acción para las plantas, el suelo y algunos sistemas de riego. Los principales efectos son:

- Disminución de la fotosíntesis como consecuencia de trastornos en el metabolismo.
- Alteración de la absorción radical debida a un incremento de la presión osmótica en la solución salina del suelo. A medida que crece la presión osmótica, la planta tiene que ejercer mayor succión para absorber el agua a través de las raíces y, como consecuencia de ello, disminuye la cantidad de agua disponible en el suelo para la planta.

Cuando las plantas crecen en suelos salinos, su crecimiento se reduce, las hojas y sus tallos no se expanden. Con la acumulación de sales, las hojas se mueren y eventualmente la planta muere. Cuanto mayor es el nivel de salinidad más rápidamente se evidencian sus efectos y decrecen los rendimientos (FAO, 2010).

El lavado de las sales contenidas en el suelo y la selección de los cultivos adecuados son los dos métodos que, utilizados generalmente de forma simultánea, permiten reducir los efectos desfavorables de las aguas excesivamente salinas. En el reporte número 71, editado por la Sociedad Estadounidense de Ingenieros Civiles (ASCE, por sus siglas en inglés), se cuenta con información más amplia sobre diversas formas de manejar los problemas de salinidad y metales traza en el agua irrigada (ASCE, 2012).

Por otro lado, el boro es un elemento esencial para el crecimiento normal de los cultivos, aunque la concentración requerida es muy pequeña (Acuña & Molina, 2007). La capacidad para tolerar concentraciones excesivas de boro difiere notablemente entre los tipos de cultivos. Este elemento en el agua es tóxico para determinados cultivos a concentraciones muy bajas (próximas a 1 mg/l). En zonas donde el boro presente en el suelo o en el agua de riego alcanza niveles excesivos, las especies tolerantes pueden crecer satisfactoriamente mientras que las especies más sensibles llegan a perecer (Metcalf & Eddy, 2007).

Más de 30 macro y micronutrientes son requeridos por las plantas para su crecimiento y son agregados al suelo mediante fertilizantes. Los micronutrientes son elementos esenciales para el crecimiento de las plantas en cantidades muy pequeñas, por lo que frecuentemente son referidos como elementos traza. Sin embargo, en concentraciones altas pueden ser tóxicos. La EPA (2012) hace una relación de los más importantes, indicando la concentración a la que son tóxicos o causan un daño específico a la planta. Dado que las ART pueden contener concentraciones altas de estos elementos traza, es importante conocer su concentración y considerarla en la elección del cultivo.

Gestión agronómica

La selección de un cultivo se determina por la experiencia práctica en la gestión agronómica del mismo. Entre los aspectos más importantes de la gestión agronómica cabe señalar todas las decisiones relativas a la selección de variedades, el calendario de actividades, la preparación de la siembra, el combate de plagas y malas hierbas, la aplicación de abonos y fertilizantes, la periodicidad e intensidad del riego, la gestión del personal y a la distribución y comercialización del producto (Pettygrove & Asano, 1985).

Metcalf y Eddy (2007) recomiendan considerar los siguientes aspectos en la gestión agronómica:

• La evaluación de la cantidad del ART

La cantidad de agua del ART debe ser considerada para la selección de los cultivos, tomándose en cuenta la cantidad total de agua disponible durante la temporada de crecimiento del cultivo, la variación estacional de la demanda de ART y los requerimientos del cultivo. Se debe considerar la tasa de entrega en litros por segundo y si el suministro es de forma continua o intermitente para estimar los requerimientos del cultivo; asimismo, deben tomarse en consideración los puntos de entrega del ART y su relación con las tierras de cultivo. Si se considera que 99% del agua que absorbe una planta es expulsada a través de la transpiración y la evaporación en la superficie de la planta, entonces, para propósitos prácticos, el agua requerida por el cultivo es igual a sus requerimientos de evapotranspiración ET_C (Pescod, 1992). El programa CropWat, desarrollado por la FAO, determina los requerimientos de agua de distintos tipos de cultivo a partir de datos climáticos (Pescod, 1992).

• La selección del tipo de riego

La selección del tipo de riego en un proyecto de reúso de ART está relacionada con diversos factores, como son (EPA, 2012):

a) *Tipo de tratamiento al ART*. Si el agua tratada proviene de un tratamiento secundario, es posible que contenga una alta concentración de sólidos suspendidos, lo que incrementa el taponamiento en el riego por goteo.

b) *El tipo de cultivo*. En algunos cultivos se desea evitar el contacto directo con el ART (productos que se comen crudos), en otros no es importante si existe contacto (producto no consumidos de forma directa).

c) *La rentabilidad del cultivo*. Algunos cultivos no poseen márgenes de ganancia suficientes para instalar un sistema de riego presurizado y se opta por riego de gravedad.

d) *Riego presurizado*. Es recomendable en campos de golf, campos deportivos y áreas recreativas. Sin embargo, el riego por goteo, como se mencionó anteriormente, reduce la exposición al ART de los trabajadores agrícolas y los cultivos, por lo que se recomienda su uso cuando la rentabilidad del cultivo y la calidad del agua lo permitan.

e) *Riego utilizado tradicionalmente*. La experiencia de los agricultores en un tipo de riego específico, así como los materiales y equipos de labranza que utilizaban cuando empleaban agua dulce, permite migrar hacia otras tecnologías, esto si se cuenta con un interés en el reúso del ART y con apoyo tecnológico y financiero para hacerlo.

• La estimación de los requerimientos de lavado de suelo

El alto nivel de concentración de sales que usualmente se presenta en las ART requiere considerar volúmenes adicionales de agua para movilizar las sales del suelo en las zonas de la raíz y prevenir problemas de salinidad, sodicidad y toxicidad por ion específico. Esta práctica se conoce como lavado de suelo, y está definida como la fracción de agua que pasa por el horizonte del suelo a través de la zona radicular para prevenir que la salinización del suelo alcance un valor específico. Es común realizarla con agua dulce, en caso de contar con la misma.

• La estimación de la tasa de aplicación de agua

La tasa de aplicación de agua depende del cultivo específico, el tipo de suelo y los niveles de evapotranspiración de la región. El agricultor deberá estimar los volúmenes de aplicación del ART considerando estos factores. Sin embargo, deberá tomar en cuenta la aplicación de agua dulce al menos durante los dos últimos riegos, con el objeto de garantizar la inocuidad de los cultivos antes de su cosecha, siempre y cuando el producto sea para consumo humano y requiera recolección manual.

- El área de cultivo requerida

El área de cultivo con ART será calculada en función de los volúmenes del ART disponible, además de considerar una zona de protección de las comunidades aledañas que minimice el riesgo de contacto directo, inhalación de partículas de suelo contaminadas por ART suspendidas en el aire por la acción del viento y aerosoles de ART. A su vez, debe considerarse la contaminación de cuerpos de agua superficiales aledaños a la zona cultivada.

- El sistema de drenaje agrícola

La determinación del sistema de drenaje y la carga hidráulica de los suelos irrigados debe ser calculada en función de la tasa de infiltración del suelo y del flujo neto de agua hacia el subsuelo. Esto depende de la textura del suelo, la profundidad al nivel freático, la profundidad de penetración de las raíces del cultivo y las condiciones climáticas. En la mayoría de los casos, el ingreso del ART al acuífero no es deseable, porque podría causar contaminación a este cuerpo de agua.

- El sistema de almacenamiento del ART

Las demandas de agua de los cultivos varían significativamente con las condiciones climáticas (días lluviosos), el estado fenológico del cultivo y las prácticas agronómicas (barbecho, siembra, crecimiento y corte o recolección) comparado con la producción relativamente constante del ART. Para maximizar el uso del ART, alcanzar los requerimientos estacionales de aplicación de agua a los cultivos y asegurar la disponibilidad de agua para el sistema de riego, es necesario contar con sistemas de almacenamiento de

ART cercanos a la parcela de cultivo. Estos sistemas pueden ser lagos, tanques o reservorios a cielo abierto. En caso de que el volumen de este recurso exceda la capacidad de almacenamiento de estos sistemas, sería necesario contar con un sitio de descarga que pueda recibir el ART sin provocar problemas de contaminación al medio ambiente, o bien, contar con un plan de almacenamiento adicional, reúso o disposición, ante estas variaciones en la demanda (DEP, 2012).

• El programa de riegos

La cantidad de agua aplicada en cada periodo de irrigación, el momento y la frecuencia de los riegos son determinados por la capacidad del suelo para retener el agua en la zona radicular de la planta. Debido a que la programación de los riegos depende del tipo de cultivo y de suelo, el clima y las condiciones específicas de la parcela –que incluyen un sinnúmero de aspectos agronómicos– superan los alcances de este libro, estos aspectos no serán tratado con detalle. No obstante, se debe tener en cuenta, para la programación de los riegos, que el ART contiene una mayor concentración de sales en comparación con el agua dulce, lo que requerirá volúmenes adicionales para el lavado de suelos.

• Absorción de nitrógeno y fósforo

En general, el contenido de nitrógeno del ART es menor a 5 mg/L, lo cual no representa, en lo general, efectos adversos para los cultivos. Sin embargo, algunos de estos podrían verse afectados durante los procesos de maduración; ejemplo de ello es la aplicación excesiva de nitrógeno en cultivos forrajeros, pues causa una acumulación de este elemento, lo que podría ser adversa a la salud del ganado (Metcalf & Eddy, 2007).

Por su parte, el fósforo contenido en el ART no resulta incorporado totalmente en la planta y parte de él queda acumulado en el suelo. Aunque altas concentraciones de fósforo en el suelo no causan efectos adversos inmediatos en la mayoría de los cultivos, algunos de estos son sensibles a altas concentraciones de fósforo. No se ha reportado que altas concentraciones de fósforo hayan causado efectos adversos en la salud de los agricultores a lo largo de los últimos 30 o 40 años.

Condiciones climáticas

Las condiciones climáticas específicas de las zonas de cultivo son un factor determinante en la selección de los cultivos. Existen folletos técnicos (por ejemplo, sobre el sistema de cultivo de algodón) para los principales cultivos comerciales en toda la República Mexicana en los que se detallan sus requerimientos climáticos específicos. Particularmente, la aplicación de ART no cambia los requerimientos climáticos de cada cultivo, por lo cual no se considera un factor relevante en su selección. Se debe tener en cuenta que, en estaciones húmedas, el volumen de ART podría ser menor que en las estaciones secas, y que este volumen de ART sobrante debe ser manejado de forma segura, por lo que se recomienda elaborar un plan de manejo que incluya estas variaciones en la disponibilidad estacional del ART (DEP, 2012).

Características físicas del suelo

La textura del suelo no influye directamente en la selección de los cultivos que serán regados con ART. Sin embargo, determinadas combinaciones de textura y estructura del suelo y, en particular, la presencia de capas impermeables pueden ser un criterio de selección importante. El laboreo cuando el suelo está húmedo, o durante el riego, puede verse seriamente afectado dependiendo de las características físicas del suelo.

La aireación deficiente de un suelo es consecuencia de los procesos de inundación y compactación. Existen amplias variaciones en la tolerancia de las plantas ante una aireación deficiente, dependiendo de su duración y de la fase de desarrollo de la planta.

Aunque el ART no debe tener altas concentraciones de sólidos suspendidos —ya que en las PTAR estos son eliminados mediante filtración y decantación—, es posible que en algunos casos se registren concentraciones mayores. La acumulación de estos sólidos en las primeras capas de suelo da lugar a procesos de reducción de su permeabilidad, lo que disminuye la velocidad de infiltración y la capacidad de aireación del suelo.

Consideraciones económicas

La capacidad relativa de los cultivos para producir beneficios económicos es determinada por diversos factores y depende de las condiciones del mercado local, regional e internacional. En general, los aspectos económicos son complejos y exceden el alcance de este análisis. Cuando las características del agua o el suelo son factores limitantes, el valor económico del cultivo deja de ser el factor prioritario a tener en cuenta en su selección. Por ejemplo, en el caso del ART con tratamiento primario, el cultivo seleccionado no podrán ser hortalizas para exportación con un alto valor en el mercado.

El costo del ART es, en muchos casos, mayor al del agua de primer uso, por lo que en la selección del cultivo debe considerarse, por un lado, el costo adicional del insumo y, por otro, la demanda de agua del cultivo.

En algunas ocasiones, el cultivo tradicional en alguna región requiere mayor calidad de ART, por lo que es necesario que el usuario, en este caso el agricultor, suministre un tratamiento adicional al ART recibida del organismo operador. Un ejemplo radical es el cultivo de tomate, ya que requiere una concentración tan baja de sales que, en algunas ocasiones, ni las aguas naturales (dulce) la alcanzan; y es por esto que los agricultores proveen un tratamiento de ósmosis inversa para reducir esas concentraciones. Lo mismo sucede con el ART que, en general, es más mineralizada que el agua natural (dulce).

En México y otros países en los que se está impulsando el reúso de las ART en la agricultura, el precio de este recurso ha sido reducido o, inclusive, no considerado, lo que ha aumentado el interés por su aplicación en los cultivos.

Tipo de cultivos recomendados

La mayoría de las ART son más salinas que el agua dulce de la región, los niveles son muy variables y dependen directamente de la salinidad del agua dulce de origen. Eventualmente podrían presentarse efluentes con niveles de salinidad que excedan los 2 000 mg/L y que restrinjan la absorción de agua en ciertos cultivos susceptibles a este factor. Los niveles de tolerancia a la salinidad de los principales cultivos agrícolas comerciales han sido estudiados ampliamente (véase el cuadro 5).

CUADRO 5. CLASIFICACIÓN DE CULTIVOS CON BASE EN SU TOLERANCIA A LAS SALES.

Tipo de cultivo	Ejemplo	Grado de tolerancia a las sales
Cultivos productores de fibra y semilla	Algodón, jojoba, caña de azúcar	Tolerantes (6.0-10.0 dS/m)
Pastos y cultivos forrajeros	Pasto bermuda, zacate alkali	Tolerantes (6.0-10.0 dS/m)
Cultivos productores de fibra y semilla	Avena, soya, trigo	Moderadamente tolerantes (3.0-6.0 dS/m)
Pastos y cultivos forrajeros	Pastos *ryegrass* italiano, pasto Sudán	Moderadamente tolerantes (3.0-6.0 dS/m)
Cultivos productores de fibra, semilla y azúcares	Maíz, arroz palay, caña de azúcar	Moderadamente sensibles (1.3-3.0 dS/m)
Cultivos productores de fibra, semilla y otros	Frijol, cebolla, zanahoria, limón, mango, durazno	Sensibles (<1.3 dS/m)

Fuente: Cisneros-Estrada, González-Meraz & Fuentes-Ruiz (2001).

La mayoría de las hortalizas (col, coliflor, tomate, zapallo, espinaca, nabo) y tubérculos (papa y camote) tienen una sensibilidad moderada. Casi todos los frutales son bastante sensibles a la salinidad, salvo el caso del higo, la papaya, el olivo y la piña, que muestran tolerancia moderada (Moscoso, 1995).

Ya que se conocen todos los aspectos que deben considerarse para la selección de cultivos para ser irrigados con ART, a continuación se mencionan los cultivos restringidos, condicionados y no restringidos (véase los cuadros 6, 7 y 8), con base en las tres categorías presentadas por la Conagua (2010).

Categoría A: de bajo riesgo. Corresponde a:

- Cultivos que no sean destinados para la alimentación humana (por ejemplo, algodón, henequén, sisal).
- Cultivos procesados por calor o secado, antes de su consumo humano (granos, oleaginosas, remolacha azucarera, caña de azúcar).
- Vegetales y frutas para enlatado u otro proceso que destruya eficazmente patógenos.
- Forrajes y otros cultivos para consumo animal, que sean secados al sol (henificados) y cosechados antes de ser consumidos por animales.
- Irrigación de paisajes en áreas cercadas sin acceso al público (viveros, bosques).

Categoría B: de mediano riesgo. Incluye:

- Tierras de pastoreo, cultivos forrajeros verdes.
- Cultivos para consumo humano que no entren en contacto con el agua residual, con la condición de que las frutas caídas no sean comercializadas. Para lo anterior, hortalizas tales como tomate y pepino deberán ser cultivadas en empalizadas, y los viñedos ser irrigados por riego superficial o por goteo.
- Cultivos para consumo humano normalmente ingeridos después de su cocimiento (papas, remolacha, berenjena).
- Cultivos para consumo humano, no cocidos, y cuya cáscara no es ingerida (melón, cítricos, plátano y sandía).
- Se recomienda realizar riego por aspersión, sin importar el tipo de cultivo, estableciendo una distancia mínima de un kilómetro entre las zonas de riego y las zonas residenciales y otras áreas de acceso público.

CUADRO 6. CATEGORÍA DE RESTRICCIÓN Y CULTIVOS RECOMENDADOS PARA RIEGO CON ART, TIPO DE RIEGO.

Categoría y cultivos	Cultivos restringidos		
	Norma microbiológica tentativa (NMP/100 ml)	**Tipo de riego recomendado**	**Régimen de riego recomendado**
A.1 Cultivos ingeridos crudos	< 1000 C.F./100 ml	Gravedad, aspersión	ART para todos los riegos.
A.1.1 Hortalizas de hoja: lechuga, col y cilantro		Gravedad	El último riego de auxilio con agua blanca.
A.1.2 Hortalizas de raíz: zanahoria, betabel, rábano y jícama	< 1 H.N./l	Gravedad, goteo	Si se dispone de agua blanca, suspender el ART. El último riego de auxilio con agua blanca.
A.1.3 Hortalizas de bulbo, cebolla y ajo		Gravedad, aspersión	El último riego de auxilio con agua blanca.
A.1.4 Hortalizas de fruto: tomate de piso		Gravedad	El último riego de auxilio con agua blanca.
A.1.5 Hortaliza de flor: brócoli, coliflor y flor de calabaza		Gravedad	El último riego de auxilio con agua blanca.
A.1.6 Frutales de hoja caduca: manzano, pera y durazno		Goteo, aspersión	
A.1.7 Otros: fresas y espárragos		Goteo	El último riego de auxilio con agua blanca.
A.2 Áreas verdes y parques públicos		Aspersión	

C.F.: Coliformes fecales.

H.N./l: Huevos de nemátodos por litro.

Fuente: Elaboración con base en Conagua (2010).

CUADRO 7. CATEGORÍA DE RESTRICCIÓN Y CULTIVOS RECOMENDADOS PARA RIEGO CON ART, TIPO DE RIEGO.

	Cultivos condicionados		
Categoría y cultivos	**Norma microbiológica tentativa (NMP/100 ml)**	**Tipo de riego recomendado**	**Régimen de riego recomendado**
B.1 Forrajes verdes y praderas		Gravedad, aspersión	Dar los riegos necesarios para el establecimiento del cultivo. Después dar solo un riego cada 30 días entre corte y corte o entre pastoreo y pastoreo.
B.2 Cultivos cuyo consumo implica cocción			
B.2.1 Cereales: maíz, sorgo, trigo, arroz, centeno y cebada		Gravedad, goteo	NO-ART+agua dulce
B.2.2 Legumbres: frijol, lenteja, haba, garbanzo y chícharo		Gravedad	NO-ART+agua dulce
B.2.3 Hortaliza de hoja: espinaca, acelga, alcachofa	<1 H.N./l	Aspersión, goteo	

CUADRO 7. (continuación).

Cultivos condicionados			
Categoría y cultivos	**Norma microbiológica tentativa (NMP/100 ml)**	**Tipo de riego recomendado**	**Régimen de riego recomendado**
B.2.4 Hortalizas de fruto: berenjena, chile, tomate de cáscara y calabacita		Gravedad	NO-ART-cosecha
B.2.5 Hortalizas de raíz: papa, camote y nabo		Gravedad	NO-ART+agua dulce
B.2.6 Otros: vid		Gravedad, goteo	
B.3 Cultivos cuya cáscara no es ingerida			
B.3.1 Hortalizas de fruto: pepino		Gravedad, goteo	NO-ART-cosecha
B.3.2 Hortalizas de fruta: melón y sandía		Gravedad, goteo	NO-ART-cosecha
B.3.3. Frutales de hoja decidua: mango, papaya, mamey y cítricos		Gravedad, goteo, aspersión	NO-ART+agua dulce NO-ART-gravedad

CUADRO 7. (*continuación*).

Cultivos condicionados			
Categoría y cultivos	**Norma microbiológica tentativa (NMP/100 ml)**	**Tipo de riego recomendado**	**Régimen de riego recomendado**
B.3.4 Frutales de hoja caduca: nogal		Gravedad, goteo, aspersión	NO-ART+agua dulce
B.4 Plantas ornamentales para producción de flor: rosa, clavel, crisantemo "cama melonera"		Gravedad, goteo	NO-ART+agua dulce

Nota: NO-ART-cosecha: estos cultivos deberán estar envarados y/o empalizados. NO-ART-cosecha: el agua residual no deberá invadir la melga para evitar el contacto con el fruto. NO-ART-gravedad: suspender el último riego con aspersión antes de la cosecha y proporcionarlo por gravedad en los cajetes.

Fuente: Elaborada con base en Conagua (2010).

Categoría C: de alto riesgo. Abarca:

- Algún cultivo para consumo humano normalmente ingerido crudo y que crece en contacto directo con el efluente (vegetales frescos tales como lechuga, tomate, zanahoria, rábano, entre otros).
- Irrigación de áreas ajardinadas con acceso libre al público inmediatamente después del riego, con la condicionante de que, durante el riego, las áreas estén cerradas, evitando el acceso

al público a una distancia de 15 metros de las zonas regadas (campos de golf, prados y parques).

- Se realiza riego por aspersión, sin importar el tipo de cultivo, a una distancia de 100 metros de las zonas residenciales o lugares de acceso público, tales como caminos y parques, con la condicionante de que no haya acceso al público a una distancia de 15 metros de las zonas regadas.

Cuadro 8. Cultivos no restringidos para ser regados con ART y tipo de riego recomendado.

Cultivos no restringidos	
Categoría y cultivos	**Tipo de riego recomendado**
C.1 Textiles, algodón, henequén	Gravedad
C.2 Cultivos industrializados (procesados por calor o secado)	Gravedad
C.2.1 Frutales: durazno (frutas en almíbar)	
C.2.2 Oleaginosas: cártamo, girasol, ajonjolí y olivo	
C.2.3 Otros: soya, cacahuate y caña de azúcar	
C.3 Forrajes para heno o ensilaje	Gravedad
C.4 Silvicultura: viveros forestales y reforestación de áreas para explotación forestal	
C.5 Plantas ornamentales	
C.6 Cultivos para producción de semilla certificada	

Fuente: Elaborada con base en Conagua (2010).

Sistema de distribución del agua

Sistemas de almacenamiento

El almacenamiento del efluente no está considerado como una fase del proceso de tratamiento. Sin embargo, en muchos de los casos, constituye una parte muy importante de unión entre la PTAR y el sistema de riego.

Los sistemas de almacenamiento son requeridos en los siguientes casos (Lazarova & Bahri, 2005):

- Para regular las variaciones de caudal del efluente de la planta y almacenar los caudales excedentes de la demanda de riego, incluyendo el almacenamiento en épocas de baja demanda.
- Con el fin de satisfacer los excesos de caudal que representan picos de demanda de riego con respecto al caudal medio de la planta.
- Para minimizar el efecto de las interrupciones de agua tanto por fallas en el funcionamiento de la PTAR como en el sistema de riego, con lo que se evita que las ART que no cumplen con los estándares de calidad entren al sistema de riego, proporcionando así la posibilidad de resolver dichos problemas.
- Provee un tratamiento adicional del agua residual; ayuda a la reducción de la demanda de oxígeno, los sólidos suspendidos, el nitrógeno y los microorganismos presentes en el efluente de la planta.
- Con el objetivo de contar con volúmenes de ART durante eventos de corte de suministro no programados.

Existen tres tipos de sistemas de almacenamiento: tanques de almacenamiento, reservorios a pie de parcela y estanques superficiales (lagos o lagunas).

Los tanques, además de proporcionar almacenamiento para las ART proveen la posibilidad de ser usados como sistemas de distribución del agua cuando se encuentran en un nivel más alto del sitio de disposición. Los reservorios están ubicados en sitios cercanos a los cultivos y su finalidad fundamental es mantener un volumen de agua disponible para el sistema de riego. Estos ofrecen, además, la posibilidad de realizar un tratamiento adicional para alcanzar una mejor calidad del agua. El dimensionamiento de los reservorios está en función directa de las características de la fuente de agua y el volumen que se desea descargar. La selección del sitio depende de las características del terreno, aunque se recomienda situarlo en la cota más alta de las parcelas para aprovechar la fuerza del agua por diferencia de altura. Asímismo, después de haber terminado la excavación e instalación de la tubería para la conducción del agua, es necesario colocar una geomembrana impermeable para prevenir la infiltración del ART evitando una descarga no deseada al suelo y al acuífero (Salinas Acosta, Rodriguez Quirós, & David, 2010).

La posibilidad de formación de aerosoles de ART, por la acción del aire en la superficie libre de los reservorios cargados con patógenos, podría causar enfermedades por inhalación por lo que se recomienda que los reservorios se construyan alejados de centros de población (Levy, Fine & Bar-Tal, 2011).

Estimación del volumen y área requerida para un reservorio

En general, la localización y el tamaño requerido de los reservorios son determinados durante la fase de planeación del proyecto de reúso del ART, y usualmente son diseñados con tanques de acero o concreto, similares a los utilizados en el almacenamiento de agua potable; sin embargo, para el uso del agua en la agricultura es común que los reservorios sean estanques de tierra a cielo abierto. Los tanques de acero usualmente son prefabricados y subterráneos, en cambio los tanques de concreto pueden ser construidos sobre el terreno natural o en sitios elevados. Particularmente, el diseño de los reservorios de estanques a cielo abierto involucra las siguientes tareas:

1. Determinar la ubicación final y sus dimensiones.
2. Acondicionar el suelo o base del reservorio y la elección de sus complementos, tales como válvulas, bombas, tomas, etcétera.
3. Elegir los materiales para la construcción de los taludes y base de los reservorios y sus complementos.
4. Seleccionar la capa impermeable para el reservorio que permitirá, por un lado, conservar el agua evitando las pérdidas por infiltración y, por otro, evitar que las infiltraciones de ART entren en contacto con el acuífero.

De acuerdo con Metcalf y Eddy (2007), las necesidades de almacenamiento de las ART son estimadas mediante la siguiente metodología:

1. Calcular la tasa de la carga hidráulica mensual, utilizando las condiciones de evapotranspiración y los datos de precipitación, según las condiciones específicas del sitio.
2. Determinar o estimar el volumen disponible de ART.
3. Estimar el área de campo inicial utilizando la ecuación 1, ignorando la ganancia neta de agua o las pérdidas del reservorio. A partir del área de campo estimada y el cálculo de la carga hidráulica, es necesario calcular el volumen mensual requerido.

$$A_w = \frac{(Q_i\,(365)+\Delta V_s)}{L_w \; x \; 10^{-3}} \qquad \text{Ecuación 1}$$

Donde:

A_w es el área de riego (m^2)

Q_i, requerimiento promedio del flujo de agua requerido (m^3/d)

ΔV_s, pérdida o ganancia neta en el agua recuperada almacenada debido a precipitación, evaporación e infiltración en el depósito de almacenamiento (m^3/año)

L_w, tasa de carga hidráulica anual de diseño (mm/año)

4. Estimar el cambio neto en el almacenamiento cada mes, restando el volumen requerido de agua del volumen disponible.
5. Calcular el volumen de almacenamiento acumulado. El cálculo debe empezar con un reservorio vacío al principio de la temporada para almacenar el agua (es decir, la temporada de irrigación).
6. Determinar el área de campo ajustada teniendo en cuenta la pérdida neta o la ganancia de agua del reservorio debido a la precipitación, evaporación e infiltración.
7. Establecer el volumen de almacenamiento ajustado usando la ecuación 1, y tener en cuenta las pérdidas netas o las ganancias debido a la precipitación, evaporación e infiltración.

Tipo de riego

Bajo condiciones normales, la selección del tipo de riego está en función de la disponibilidad del agua, el clima, el suelo, el cultivo, los costos, los materiales disponibles y la habilidad del agricultor para manejar el sistema de irrigación. Sin embargo, cuando se usa ART se deben tener en cuenta factores adicionales a los mencionados, como son: el riesgo de la contaminación de las plantas y los productos cosechados, el riesgo para la salud de los trabajadores agrícolas, el medio ambiente, la salinidad del agua y el suelo, así como los riesgos de toxicidad (Lazarova & Bahri, 2005).

En el cuadro 9 se presentan las características básicas de los sistemas de irrigación más comunes y algunas consideraciones sobre su uso con ART (Winpenny, Heinz & Koo-Oshima, 2013).

A pesar de que el riego por goteo tiene un alto costo de instalación y operación resulta ser el mejor para el uso de ART. Este tipo de riego, de forma general, consta de diferentes componentes (véase la figura 3) los cuales son, según Liotta y colaboradores (2015):

- *Fuente de presión:* puede incluir una bomba conectada a la fuente de agua o un estanque que se encuentre ubicado a 10 metros (por lo menos) del terreno que se va a regar.
- *Cabezal de riego:* Se encuentra constituido por accesorios de control y filtrado. Entre ellos podemos encontrar filtros de arena, válvula de compuerta, válvula de aire, filtro de anillos, arco de riego con válvula de bola, etc.
- *Líneas de presión (línea principal):* Es una tubería de PVC, en la que el diámetro depende del tamaño de la parcela donde se aplicará el riego, permitiendo la conducción desde la fuente de agua/reservorio hasta los cabezales de riego, para después conducirla hacia los laterales.
- *Portarregantes (líneas secundarias):* Es la tubería de PVC que permite conducir el agua a cada uno de los laterales donde se instalarán las cintas de goteo.
- *Emisores:* Están constituidos por cintas de goteo que permiten emitir caudales de aproximadamente 1 a 2 litros por hora por cada gotero.

CUADRO 9. FACTORES QUE INFLUYEN EN LA SELECCIÓN DEL MÉTODO DE RIEGO Y MEDIDAS ESPECIALES NECESARIAS PARA LAS APLICACIONES DE AGUA REGENERADA.

Método	Factores que influyen en la selección	Aspectos a considerar usando ART
Riego por inundación	Es de menor costo. No se requiere una nivelación exacta del terreno. Baja eficiencia del uso del agua. Bajo nivel de protección sanitaria.	Rigurosa protección de los trabajadores en el campo, manipuladores de cultivos y consumidores (por ejemplo, equipos de protección).
Riego por surcos	Bajo costo. Se puede necesitar nivelación del terreno de la superficie cultivada. Baja eficiencia del uso del agua. Nivel medio de protección sanitaria.	Protección de los trabajadores en el campo, posiblemente de los manipuladores de cultivos y consumidores (por ejemplo, equipos de protección).
Riego por aspersión	Costo medio a alto. Eficiencia media del uso del agua. No se requiere nivelación del terreno. Bajo nivel de protección sanitaria (debido a los pulverizadores).	Distancia mínima de 50 a 100 m entre la superficie irrigada y las casas y caminos. Restricciones de la calidad del agua (eliminación de agentes patógenos) No se deben utilizar desechos anaeróbicos, debido a los malos olores. Uso de miniaspersores.
Riego subterráneo y por goteo	Alto costo. Alta eficiencia del uso del agua. Mayores rendimientos. Mayor nivel de protección sanitaria.	No se requieren medidas de protección. Restricciones de la calidad del agua (filtración) para evitar que los dispositivos se obstruyan.

Fuente: Winpenny, Heinz & Koo-Oshima (2013).

Figura 3. Componentes del sistema de riego por goteo.

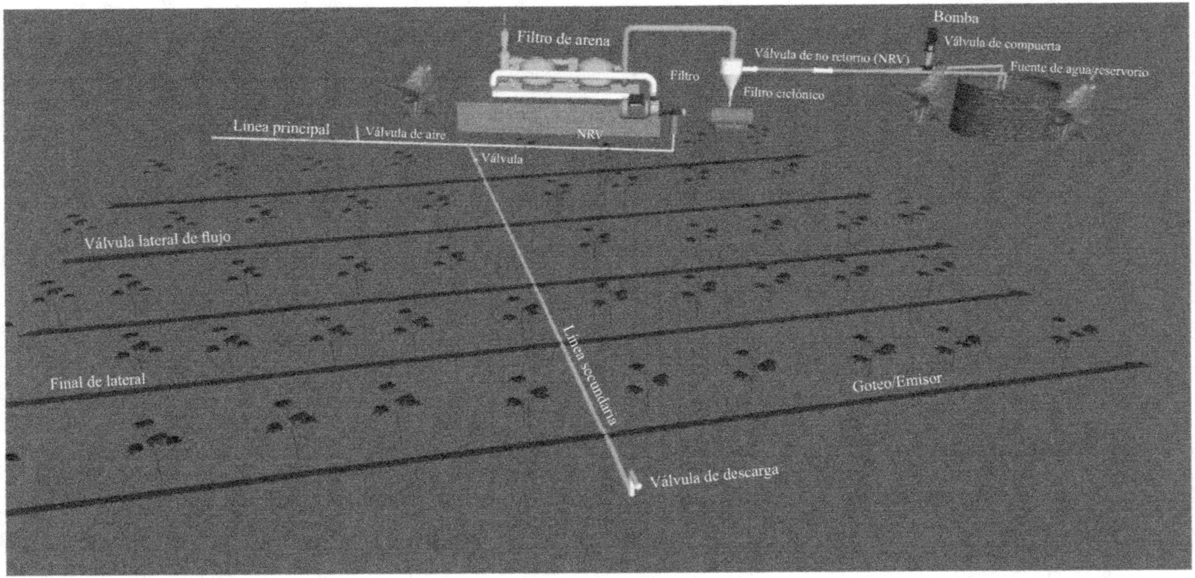

Fuente: Basado en Jain (2014).

Para una descripción detallada del sistema de riego por goteo, existen diferentes manuales como el de Liotta y colaboradores (2015).

La utilización del sistema de riego por goteo tiene muchas ventajas; una de ellas es que permite un ahorro considerable de agua, ya que reduce la evapotranspiración y las pérdidas de agua por conducción durante la aplicación. Además, permite medir y controlar la cantidad de agua aplicada, incluso automatizar el sistema de riego.

Este riego permite la utilización de agua ligeramente salina, con lo que se reduce el proceso de salinización del suelo. Una ventaja adicional de este tipo de riego es que no permite el contacto del agua con el cultivo, algo que es de suma importancia cuando se utiliza ART con mayor contenido de sales. Por lo cual, es posible aplicarla a cultivos que no sean tan sensibles al agua salina.

Sin duda, la mayor ventaja del riego por goteo es que se minimiza el contacto directo del ART tanto con el cultivo (porción superficial de la planta) como con el agricultor durante las labores en las diferentes etapas de crecimiento de los cultivos. A su vez, se minimiza la producción de aerosoles de ART y, por ende, su posible inhalación (Levy, Fine & Bar-Tal, 2011).

Otro factor que adquiere importancia, por el contenido microbiológico de las ART, es el intervalo de tiempo entre riegos, debido a que contiene cantidades apreciables de patógenos que confieren un alto potencial de riesgo a la salud humana. Por lo anterior, a medida que el contacto del ART con las partes superficiales de las plantas sea menor, se disminuye el riesgo (Pettygrove & Asano, 1985).

Los microorganismos presentes en las ART, al estar en contacto con el suelo y expuestos a los factores climáticos de luz, humedad y temperatura, tienen un periodo de sobrevivencia de máximo 20 días (Larazova & Bahri, 2005), de ahí la importancia del último riego.

Debido a lo anterior y teniendo en cuenta que la parte más importante de la producción de un cultivo es la cosecha, resulta necesario que exista un lapso de varios días entre el último riego con ART y esta. Dicho periodo dependerá del tipo de cultivo que se esté produciendo y del tipo de riego, ya que existen algunas plantas que tendrán una mayor exposición al agua residual que otras (Pettygrove & Asano, 1985). En los cuadros 6, 7 y 8 —presentados en páginas previas— se muestra una relación de cultivos y las técnicas recomendadas de riego con agua dulce y ART de acuerdo con la Conagua (2010).

Otra opción consiste en aplicar el último riego utilizando agua dulce, pero para ello se requiere contar con dicho recurso disponible. Estas prácticas permitirán disminuir los riesgos por patógenos al momento en que el producto entre en contacto con el consumidor final.

Monitoreo de suelos

Un suelo regado con aguas residuales tratadas debe ser constantemente monitoreado, para identificar y prevenir la acumulación de contaminantes como sales y metales.

De acuerdo con el *Manual para el manejo de zonas de riego con aguas residuales* de la Conagua (2010), se requiere de un conocimiento detallado de la composición inicial del suelo antes de ser regado con ART, para posteriormente determinar la evolución de las características del suelo con las aplicaciones de dicho recurso y establecer si la variación del suelo fue positiva o negativa para los fines agronómicos.

La localización de los puntos de muestreo de suelos, debe corresponder a las diferentes unidades de suelo descritas y de acuerdo con la calidad del agua que es aplicada. Los parámetros más importantes a monitorear en el suelo son:

- pH
- Porcentaje de sodio intercambiable
- Salinidad
- Concentración de nutrientes mayores y menores
- Grasas y aceites
- Concentración de metales
- Remoción de patógenos versus la probabilidad de que lleguen al acuífero
- Contenido de materia orgánica

Para realizar el monitoreo de los suelos, es necesario el muestreo, el cual incluye la extracción de material terrígeno, teniendo en cuenta la variabilidad en la composición del suelo, el manejo del mismo, la elaboración de la muestra y la toma de fracciones de la misma para la realización de las determinaciones analíticas concretas.

La muestra a tomar debe ser uniforme en color, tipo de suelo, uso anterior y posición en la pendiente. En el caso de que existan manchas en el suelo, no se deben de muestrear; pueden ser tomadas por separado e indicar esto en la etiqueta. Además, se debe realizar un mapa de la parcela, para identificar las muestras y con esto dar seguimiento a la evolución del suelo. Algunos de los aspectos importantes a considerar para tomar la muestra son:

1. Tipo y cantidad de la muestra: Esto se realiza con base en dos tipos de muestras que son la simple y la compuesta. La simple se obtiene con una sola extracción del suelo, se recomienda que sea de 1 kg por hectárea. La muestra compuesta se recaba de la extracción de varias muestras simples o sub-

muestras de 0.5 a 1 kg, y se recomienda que sean de 15 a 20 por parcela de muestreo.

2. Frecuencia y época de toma de la muestra: El análisis del suelo debe ser repetido en intervalos de uno a cuatro años; la época apropiada para tomar las muestras, sería en verano u otoño, debido al mínimo contenido de nutrientes en el suelo durante este periodo.
3. Profundidad del muestreo: Se recomienda tomar dos muestras, una de 0 a 10 cm y otra de 10 a 20 cm. No obstante, adicionalmente se debe considerar la profundidad de la raíz del cultivo.
4. Sitios del muestreo: Estos deben elegirse al azar y pueden ser sistemáticos, los cuales tienen un esquema definido (véase la figura 4), o asistemáticos que son aquellos que no tienen un diseño especial.
5. Instrumentos: Es necesario que estos sean capaces de tomar una capa uniforme desde la superficie hasta la profundidad determinada y que se pueda obtener el mismo volumen de suelo en cada extracción. Ejemplos de esto son las barrenas y la pala.
6. Situaciones no muestreables: Las muestras de suelo virgen deben de tomarse debajo de alambrados para que sirvan de puntos de comparación.
7. Envío de la muestra al laboratorio: Debe estar en bolsas plásticas. La cantidad puede variar de 0.5 a 1 kg y debe estar preferentemente seca. La muestra debe estar debidamente identificada con una etiqueta adherible marcada con tinta indeleble con información de la parcela, del responsable de la muestra y la profundidad de muestreo.

Figura 4. Tipos de muestreo sistemático.

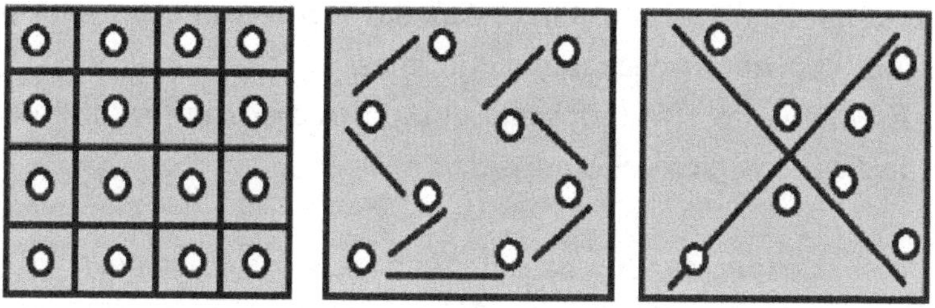

Cuadrícula   Zig-zag   Diagonales

Fuente: Domingo (2012).

Monitoreo de cultivos

El monitoreo de los cultivos tiene el objetivo de detectar deficiencias y/o toxicidades de macro y micronutrientes esenciales. El análisis foliar es más revelador que los análisis de suelos, en cuanto a la deficiencia o toxicidad de uno o varios elementos (Conagua, 2010).

Los metales pesados y los micronutrientes (zinc, hierro, cobre, manganeso y magnesio) pueden ser tóxicos para el cultivo o bioacumularse en sus tejidos en cantidades mayores a sus requerimientos. Por lo que es necesario monitorear sus concentraciones tanto en las diferentes fases de crecimiento de la planta, como en sus partes (frutos, flores, hojas, tallos y raíces) y el producto cosechado.

El tejido a muestrear se selecciona con base en la edad fisiológica o etapa fenológica de cultivo. El criterio general de muestreo consiste en tomar la hoja más recientemente madura. Es importante mencionar que no es recomendable el muestreo de plantas que se encuentren bajo tensión de humedad o temperatura, aquellas que estén cubiertas por polvo, dañadas mecánicamente o por insectos y las que se encuentren enfermas.

En el cuadro 10 se presenta el muestreo de varios cultivos y se indican los factores a considerar.

Cuadro 10. Guía de muestreo foliar de cultivos.

Cultivo	Época de muestreo	Parte de la planta a muestrear	Cantidad (núm. de hojas)
Granos			
Arroz	Medio macollamiento. Antes de floración	Hoja "Y" (posición relativa a la hoja más nueva enrollada hacia arriba)	50-100
Maíz	Plántulas	Toda la parte aérea	25-30
	Antes de floración	Primeras hojas completamente desarrolladas desde la parte superior de la planta	
	Aparición de estigmas	Hoja baja opuesta a mazorca	
Sorgo	Antes de la aparición de la panoja	Segunda hoja superior de la planta	30-40
Soya	Plántulas	Hojas	30-40
	Antes o durante el primer estado de la floración	Hojas superiores completamente desarrolladas	
Frijol	Antes o inicio de la floración	Dos a tres hojas maduras de la parte superior de la planta	30-40

Cuadro 10. (continuación).

Cultivo	Época de muestreo	Parte de la planta a muestrear	Cantidad (núm. de hojas)
Arveja	Antes o al principio de la floración	Hojas del tercer nudo superior	30-40
Maní	Antes o durante la floración	Hojas superiores completamente desarrolladas	50-60
Hortalizas			
Espinaca	A mitad del periodo vegetativo	Hojas recientemente maduras	15-20
Apio	A mitad del periodo vegetativo	Pecíolo de la hoja madura más joven	30-40
Lechuga	Formación de la cabeza	Hojas recién maduras	15-20
Corbe y brócoli	Antes de la inflorescencia	Primera hoja madura de la parte media del tallo	10-20
Repollo	Antes de la formación de la cabeza	Primeras hojas maduras del centro de las plantas	10-20
Pepino	Antes de la fructificación	Hojas maduras cerca a la base del tallo principal	20-25
Cebolla	Desde el tercio hasta mitad del ciclo de crecimiento	Hojas superiores completamente desarrolladas	15-25
Ají o chiles	Antes o durante la floración	Hoja madura más reciente	20-30
Tomate	Floración temprana	Tercera o cuarta hoja desde la punta	25-30

CUADRO 10. (continuación).

Cultivo	Época de muestreo	Parte de la planta a muestrear	Cantidad (núm. de hojas)
RAÍCES Y TUBÉRCULOS			
Yuca	Tres a cuatro meses de edad	Primeras hojas recién maduras	25-30
Papa	A mitad del periodo vegetativo o en floración	Últimas hojas en madurar	20-30
FRUTALES			
Aguacate	Antes de floración	Hojas recién maduras	30-40
Cítricos	Etapa vegetativa	Hojas completamente maduras	30-40
	Etapa de producción	Hojas completamente maduras cercanas al fruto	
Papaya	Inicio de fructificación	Pecíolos de las últimas hojas en estar completamente desarrolladas	15
Banano	Primeras manos visibles	Parte media de tercera hoja sin incluir vena central	20-30
Fresa	Antes de floración	Las hojas maduras más jóvenes	50-70
Manzana	Antes de floración	Hojas cerca a la base	15-20
Uva	Al final de la floración	Pecíolos de hoja adyacentes a racimos	75-100

CUADRO 10. (continuación).

Cultivo	Época de muestreo	Parte de la planta a muestrear	Cantidad (núm. de hojas)
Melón y sandía	Primeros frutos	Hojas maduras cerca del tallo principal, quinta hoja cercana al fruto	15-20
Piña	Inicio de floración	Primera hoja completamente extendida	25-30
Mango	Antes de floración	Hojas recién maduras	15-25
ORNAMENTALES			
Clavel	Inicio de formación de botón	Cuarto a quinto par de hojas a partir del botón	60-70
Crisantemos	Inicio de formación de botón	Quinta a sexta hoja a partir del botón	50-60
	Plantas madres	Quinta a sexta hoja a partir de la base	40-50
Rosas	Inicio de formación de botón	Primera o segunda hoja bien formada del botón hacia abajo	25-30
Gerbera	Antes o inicio de floración	Hoja madura más joven	20-30
Orquídeas	Antes o inicio de floración	Segunda hoja desde la punta de los bordes jóvenes	15-25
Geranio	Cabeceo	Cuarta hoja completamente expandida	25-30

CUADRO 10. (*continuación*).

Cultivo	Época de muestreo	Parte de la planta a muestrear	Cantidad (núm. de hojas)
Anturios	Floración	Hoja ubicada inmediatamente debajo de la última flor cortada	15-25
Alstromelia	Antes de floración	Hoja madura más joven de crecimiento nuevo	25-30
INDUSTRIALES			
Algodón	Al inicio de la floración	Últimas hojas en madurar	30-35
Cacao	Brotes recién maduros, antes de cosecha	Tercera hoja bien formada del ápice hacia debajo de cada rama	20-25
Café	Antes o inicio de la floración	Tres a cuatro pares de hojas a partir del ápice de las ramas. Ramas fructíferas en el tercio medio	20-30
Palma de aceite	Etapa joven	Folíolos de parte media hoja 9	25-50
	Etapa madura	Folíolos de parte media hoja 17	
Caña de azúcar	Cuatro meses después de brotación	Cuarta hoja superior completamente desarrollada	15-25
Forrajes	Desarrollo vegetativo	Toda la parte aérea	30-40

Fuente: FertiLab (2014).

El tamaño de la muestra necesario para ser enviado a su análisis en el laboratorio debe rebasar siempre los 50 gramos, una vez seca y molida. Esta, a su vez, debe representar la situación existente en el campo o invernadero, es decir, el muestreo tiene que ser al azar y evitando los bordes de las parcelas. Se recomienda que las muestras sean enviadas inmediatamente al laboratorio para ser lavadas. Asímismo, deben ser recolectadas en bolsas de plástico nuevas y limpias; no deben utilizar bolsas usadas, porque pueden contener residuos de fertilizantes o abonos orgánicos. De igual manera, debe evitarse almacenarlas en lugares cercanos, por el posible riesgo de contaminación.

Las muestras de cultivos, al igual que las de los suelos, deben estar perfectamente identificadas con el nombre del propietario, el cultivo, el órgano muestreado (hoja completa, pecíolo, por ejemplo) y el sector de donde se obtuvo (FertiLab, 2014).

CAPÍTULO 5. CONTROL SANITARIO E INOCUIDAD

Los riesgos de salud pública son el principal condicionante para el uso de las ART. En 2006, la Organización Mundial de la Salud (OMS) creó las directrices para el uso seguro de las ART, aplicando enfoques de gestión de riesgos según el marco conceptual de Estocolmo (Fewtrell y Bartram, 2001), con lo que recomendó definir objetivos sanitarios realistas, así como evaluar y administrar los riesgos (Winpenny et al., 2013).

Estas directrices hacen referencia al nivel de tratamiento de las aguas residuales, la restricción de cultivos, los métodos de aplicación de las ART y el control de la exposición humana. Estas recomiendan definir metas sanitarias, así como evaluar y manejar los riesgos de manera continua, desde la generación de las ART hasta el consumo de los productos cultivados; con el fin de lograr dichos objetivos, debe generarse un sistema reglamentario y de monitoreo acorde a las realidades socioeconómicas del país o localidad donde son aplicadas (Winpenny et al., 2013).

Es importante recurrir a una serie de medidas de protección sanitaria con la finalidad de reducir los riesgos de salud que pueden producirse en consumidores, trabajadores y sus familias, así como en las comunidades locales. Algunos de los riesgos por consumo de productos regados con ART incluyen agentes patógenos provenientes de la materia fecal y algunas sustancias químicas tóxicas, entre otros. El riesgo por contagio de patógenos infecciosos se reduce al momento de que los alimentos se consumen cocidos.

La FAO y la OMS desarrollaron el "Código de Prácticas de Higiene para las Frutas y Hortalizas Frescas", en el cual se utiliza un enfoque de la cadena alimentaria y evalúa los riesgos presentes del campo hasta la mesa, considerando todos los aspectos de los cultivos, incluyendo la producción, hasta el consumo final. Este código contempla los riegos, la exposición de los trabajadores y los temas relacionados con el transporte (Winpenny et al., 2013). Por tal motivo, es necesario revisar tanto las medidas de seguridad de los trabajadores y/o las personas que se involucran en el proceso, incluyendo al consumidor final, como la inocuidad de los cultivos.

Medidas de seguridad para las personas

Es muy importante definir el tipo de personas que pueden correr riesgos al utilizar las ART. Estas pueden encontrarse en cuatro grupos (OMS, 1989):

1. Los agricultores y sus familias (trabajadores directamente con el cultivo en el campo agrícola).
2. Las personas que manejan los productos cultivados (empacadores, transportistas y distribuidores).
3. Los consumidores finales.
4. Las personas que viven cerca de los campos de cultivo.

Los agricultores pueden enfrentar diferentes riesgos, dependiendo de la práctica agronómica que llevan a cabo (véase el cuadro 11).

CUADRO 11. CLASIFICACIÓN DE LAS PRÁCTICAS DE CULTIVO EN FUNCIÓN DEL RIESGO SANITARIO PARA LOS AGRICULTORES.

Bajo riesgo de infección	Alto riesgo de infección
Prácticas agrícolas mecanizadas.	Áreas con una alta cantidad de polvo.
Prácticas de cosecha mecanizadas.	Cultivo a mano.
Cultivos que se secan antes de la cosecha.	Cosecha a mano de cultivos alimentarios.
Largos periodos secos entre riegos.	Movimiento de los equipos de aspersión Contacto directo con las aguas de regadío.

Fuente: Lazarova & Bahri (2005).

Existen diversos métodos para controlar la exposición a los agentes patógenos o evitar enfermedades, una vez realizado el contacto para los diferentes grupos (OMS, 1989). La protección de los agricultores y de las personas que manejan los productos agrícolas exige adoptar medidas adecuadas dependiendo de cómo serán utilizados dichos productos. Un aspecto muy importante es que tanto los agricultores como los trabajadores estén conscientes de que entrarán en contacto con las ART y de los riesgos que esto implica, con la finalidad de que no sean indiferentes a las normas de seguridad. Deben ser instruidos sobre las posibilidades de transmisión de enfermedades y las precauciones que tienen que adoptarse. Para ello, es importante considerar los organismos patógenos presentes en el agua residual doméstica cruda y que se podrían encontrar en el ART, los cuales se encuentran resumidos en el cuadro 12 (Pettygrove & Asano, 1985).

CUADRO 12. PRINCIPALES ORGANISMOS PATÓGENOS QUE PUEDEN ENCONTRARSE EN UN AGUA RESIDUAL DOMÉSTICA CRUDA Y ENFERMEDADES A QUE PUEDEN DAR LUGAR.

Organismo patógeno	Enfermedad
PROTOZOOS	
Entamoeba hístolyca	Amebiasis (disentería amebiana)
Giardía lamblia	Giardiasis
Balantidium coli	Balantidiasis (disentería)
HELMINTOS	
Ascaris lumbricoides	Ascariasis
Ancylostoma duodenale	Anquilostomiasis
Necator americanus	Necatoriasis
Ancylostoma spp.	Larva Migrans cutánea
Strongyloides stercolaris	Estrongiloidiasis
Trichuris trichiura	Tricuriasis
Taenía spp.	Teniasis
Enterobius vermicularis	Enterobiasis
Echinococcus granulosus	Hidatidosis
BACTERIAS	
Shigella (4 especies)	Sigelosis
Salmonella typhi	Fiebre tifoidea
Salmonella (unas 1 700 especies)	Salmonelosis
Vibrio cholera	Cólera
Escherichia coli (enteropatógeno)	Gastroenteritis
Yersina enterocolitica	Yersiniosis
Leptospira spp.	Leptospirosis
VIRUS	
Enterovirus (71 tipos) (pollo, echo, Coxsackie)	Gastroenteritis Anomalías cardíacas, meningitis y otras
Virus de la hepatitis A	Hepatitis infecciosa
Adenovirus (31 tipos)	Enfermedades respiratorias
Rotavirus	Gastroenteritis
Parvovirus (2 tipos)	Gastroenteritis

Fuente: Pettygrove & Asano (1985).

Es necesario que los agricultores y los trabajadores utilicen ropa protectora para evitar el contacto con agentes patógenos, además de implementar estrictas prácticas de higiene (para eliminar patógenos) y, bajo algunas circunstancias, inmunizar contra determinadas infecciones o mantener su control quimioterapéutico como medida paliativa provisional (OMS, 1989).

El consumidor final también está sometido a riesgos al consumir productos regados con ART; sin embargo, se realizan diversas prácticas para minimizarlo. En primera instancia, es posible reducir los riesgos para el consumidor final al restringir los cultivos según la calidad del agua, el tipo y frecuencia de riego, como se comentó en los apartados anteriores. Otra forma de reducir el riesgo es cocinar los alimentos antes del consumo e implementar estrictas medidas de higiene. Por ello, las campañas de educación sanitaria deben prestar la atención debida a la higiene de los alimentos (OMS, 1989).

Las personas que viven cerca del campo de cultivo, visitantes o público en general deben estar informados acerca de los cultivos regados con ART mediante una notificación por las vías adecuadas. Estos medios de información deben incluir paneles de advertencia visibles con textos claros y concisos que indiquen que el agua utilizada es ART; además, se debe advertir al público que evite el contacto con esta para evitar los riesgos de contaminación con organismos patógenos. En caso de que lo anterior no sea suficiente, será necesaria la instalación de cercos para mantener alejado al público (Pettygrove & Asano, 1985).

A su vez, todas las válvulas, grifos y cabezales utilizados para riego deben estar marcados adecuadamente para advertir al público de que el agua no es potable y que el sistema debe ser operado únicamente por personal autorizado (Pettygrove & Asano, 1985).

Algunos aspectos operativos que reducen los riesgos sanitarios, son:

1) Regar por aspersión, cuando la velocidad del viento sea baja y por la noche.
2) No regar por aspersión, cuando el viento sopla hacia zonas sensibles
3) Regar en horas en las que no hay personas presentes.

Lo anterior se aplica cuando se realiza riego por aspersión, lo cual es muy frecuente en zonas recreativas tales como parques, campos de golf, etcétera; sin embargo, y como ya se mencionó en apartados anteriores, la mejor opción de riego para cultivos es por goteo, ya que este reduce el riesgo de inhalación de aerosoles con patógenos.

Medidas de inocuidad para los alimentos

La inocuidad en los alimentos ha sido considerada de importancia mundial desde 1997 (USFDA, 1998) y adoptada por los exportadores mexicanos de frutas y hortalizas a los Estados Unidos en sus *Unidades de producción las buenas prácticas agrícolas* (BPA) y en sus *Unidades de empaque, las buenas prácticas de manejo* (BPM) (CESAVEJAL, 2015).

La inocuidad de los alimentos comprende la evaluación y la gestión de riesgos que pueden ser transmitidos a los alimentos al ser regados con ART, para encontrar soluciones sólidas y coherentes, teniendo como responsables en común a todos los relacionados con los alimentos, desde su producción hasta llegar al consumidor final (FAO, 2007).

Para garantizar la inocuidad, se puede recurrir a medidas de protección sanitaria para reducir el riesgo en los agricultores, trabajadores y sus familias, consumidores finales, y las comunidades locales, como se mencionó en el apartado anterior. Por tal motivo, es importante establecer las siguientes barreras sanitarias que tienen un efecto positivo sobre todos los participantes directos o indirectos desde la producción hasta su comercialización, pero principalmente a los consumidores de los productos (Winpenny et al., 2013):

- Tratamiento de las aguas residuales.
- Restricción de cultivos.
- Técnicas de riego que minimicen la contaminación de los cultivos (por ejemplo, riego por goteo).
- Definir el periodo de retención para que los agentes patógenos mueran tras la última aplicación de aguas residuales.
- Prácticas higiénicas en mercados de alimentos y durante la preparación de los alimentos.
- Promoción de la salud y la higiene.
- Lavado, desinfección y cocción de los productos.

Es necesario definir los peligros alimentarios, que son todos aquellos agentes biológicos, químicos o físicos que pueden presentarse en los alimentos y que causan un efecto adverso para la salud, esto con la finalidad de garantizar la inocuidad de los mismos (véase el cuadro 13).

Una vez que se han identificado los peligros, se analiza cada uno de ellos describiéndolos con respecto al uso del ART en la salud y la seguridad humanas. Enseguida, se describen las medidas que deben ser aplicadas para controlar los riesgos al presentarse alguna situación específica. Con este análisis se elabora un documento que, además, incluirá la gestión, la evaluación y la comunicación de los riesgos (FAO, 2007).

La gestión de riesgos permite analizar las diferentes políticas con todas las partes interesadas, considerando la evaluación de los inconvenientes y otros datos relevantes para la protección de la salud de los consumidores. Esta se rige por ocho pasos preliminares que son (FAO, 2008):

1. Identificar y describir la cuestión relacionada con la inocuidad de los alimentos
2. Elaborar un perfil de riesgo, el cual requiere de información tanto del problema, el producto, y cómo los consumidores están expuestos a dicho peligro.
3. Establecer objetivos amplios de gestión de riesgos.
4. Decidir si es necesaria o no una evaluación de riesgos.
5. Establecer una política de evaluación de riesgos la cual sirve de base para una comprensión clara sobre el alcance de la evaluación de riesgos y cómo se llevará a cabo.
6. Contar con gestores que evalúen los riesgos de manera transparente y comuniquen los alcances de su evaluación de forma eficaz e interactiva con las partes interesadas y durante todo el proceso.
7. Considerar los resultados de la evaluación de riesgos.
8. Clasificar las cuestiones de inocuidad de los alimentos y establecer prioridades para la gestión de riesgos.

Una vez realizada la gestión de riesgos, es importante determinar las opciones para su realización. La ejecución de esta gestión del riesgo se puede dividir en tres etapas que son (FAO, 2008):

1. Identificar opciones de gestión disponibles.
2. Evaluar las opciones de gestión identificadas, es decir, buscar la opción más adecuada con base en un análisis de costo-beneficio.
3. Seleccionar una o varias opciones de gestión de riesgos, lo cual se logra considerando e integrando toda la información existente para reducir los riesgos para la salud humana, implicados en el consumo de estos alimentos.

CUADRO 13. EJEMPLOS DE PELIGROS QUE PUEDEN PRODUCIRSE EN LOS ALIMENTOS.

Peligros biológicos	Peligros químicos	Peligros físicos
Bacterias infecciosas	Toxinas de origen natural	Limaduras de metales y maquinas
Organismos que producen toxinas	Aditivos alimentarios	Vidrio
Mohos	Residuos de plaguicidas	Joyas
Parásitos	Residuos de medicamentos veterinarios	Piedras
Virus	Contaminantes ambientales	Astillas de huesos
Priones	Contaminantes químicos resultantes del envasado	
	Alérgenos	

Fuente: FAO (2007).

El paso siguiente consiste en aplicar la gestión de riesgos que se ha decidido, la cual suele ser ejecutada con eficacia mediante la adopción de sistemas de control completos y utilizando planteamientos de alcance general. Es importante llevar un seguimiento para garantizar que se está cumpliendo con las medidas de inocuidad trazadas (FAO, 2008).

Posteriormente se procede a la evaluación de riesgos, que es el componente científico del análisis de riesgos y que consiste en determinar los posibles efectos adversos para la vida y la salud, debido a la exposición a los peligros durante un periodo determinado. En la figura 5 se muestran los componentes de la evaluación de riesgos (FAO, 2008).

La evaluación de riesgos permite determinar los problemas de inocuidad que varían en función de la clase de peligro (químico, biológico o físico), para poder observar las diferencias intrínsecas en la comparación de los peligros microbianos y químicos (véase el cuadro 14).

CUADRO 14. CARACTERÍSTICAS DE ALGUNOS DE LOS PELIGROS MICROBIANOS y químicos.

Peligro microbiano	Peligro químico
Los peligros pueden introducirse en los alimentos en muchos puntos del proceso continuo de producción-consumo.	Los peligros normalmente se introducen en los alimentos o ingredientes crudos durante alguna de las fases de elaboración (por ejemplo, la acrilamida o las sustancias transmitidas a través de los envases).
La prevalencia y la concentración del peligro cambian notablemente en los diferentes puntos a lo largo de la cadena de producción de alimentos.	El nivel de peligro presente en un alimento después del punto de introducción no suele cambiar significativamente.
Los riesgos para la salud suelen ser agudos y se deben a una sola porción comestible de los alimentos.	Los riesgos para la salud pueden ser agudos, pero en general crónicos.
Los individuos presentan una gran variabilidad en lo que respecta a su respuesta sanitaria a los diferentes niveles de peligro.	Los tipos de efectos tóxicos son, en general, semejantes en las distintas personas, pero la sensibilidad individual puede presentar diferencias.

Fuente: FAO (2007).

Figura 5. Diagrama de los cuatro componentes de evaluación de riesgos.

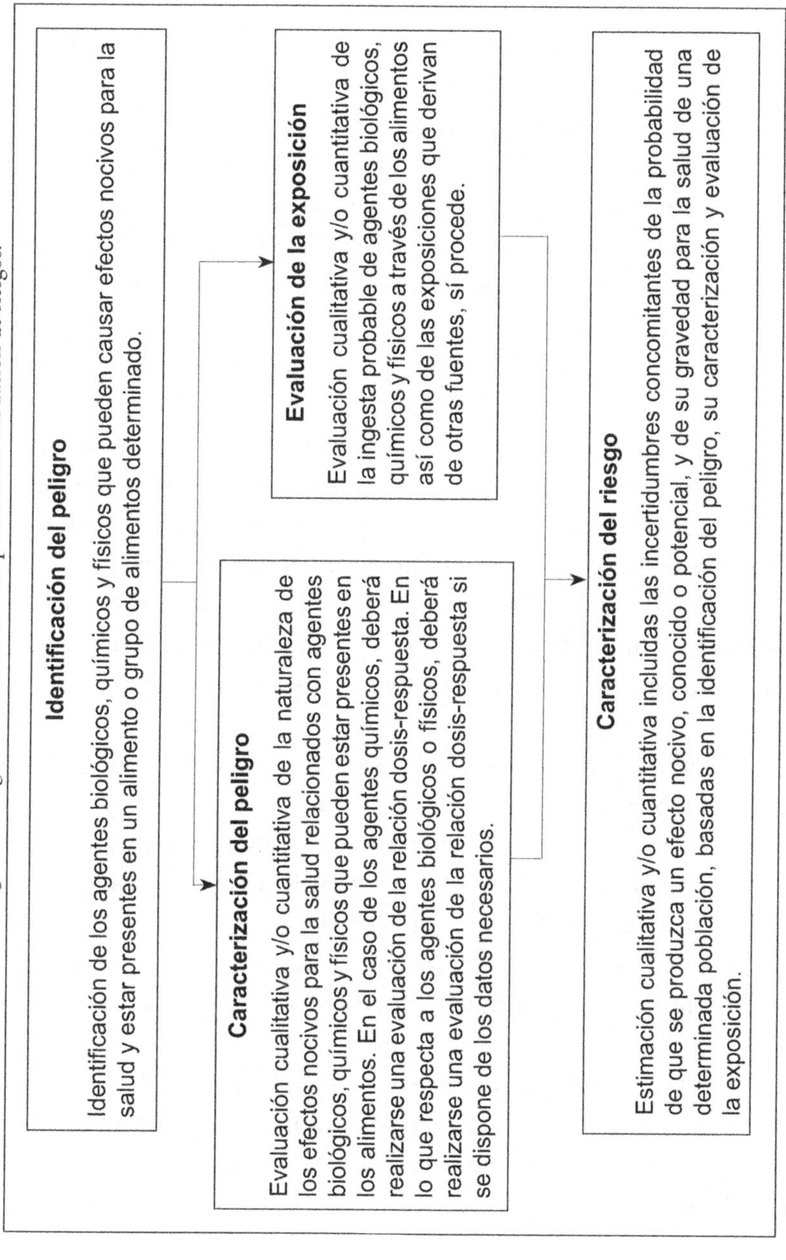

Fuente: FAO (2007).

La evaluación de riesgos se puede simplificar en las siguientes cuatro etapas:

1. Identificación de los peligros.
2. Caracterización de los peligros (describe la naturaleza y el alcance de los efectos negativos en la salud).
3. Evaluación de la exposición (clasifica la cantidad de elementos riesgosos consumidos por varios miembros de la población expuesta).
4. Caracterización del riesgo (integra las tres etapas anteriores, para generar una estimación del riesgo).

La comunicación de riesgos tiene como objeto ofrecer información oportuna, pertinente y precisa a los miembros del equipo de análisis de riesgos y a las partes externas interesadas; al mismo tiempo, busca recopilar información de ellos, con la finalidad de mejorar los conocimientos acerca de la naturaleza y efectos de un riesgo específico relacionado con la inocuidad de los alimentos. Los elementos de la comunicación de riesgos son (FAO, 2008):

1. Identificación de un problema de inocuidad de los alimentos.
2. Elaboración de un perfil de riesgo.
3. Establecimiento de objetivos de gestión de riesgos.
4. Elaboración de una política de evaluación de riesgos.
5. Solicitud de una evaluación de riesgos.
6. Información de la realización de la evaluación de riesgos.
7. Notificación del momento en que se termina la evaluación de riesgos.
8. Clasificación de riesgos y establecimiento de prioridades.
9. Identificación y selección de acciones de gestión de riesgos.
10. Aplicación del plan para reducir el riesgo.
11. Seguimiento y evaluación.

Los elementos referentes a la comunicación de riesgos deben estar bien relacionados y planificados, determinando el objetivo de la misma. Además tiene que conocerse quién debe participar, tanto en términos generales (los evaluadores de riesgos, la industria afectada) como específicos (es decir, qué individuos). Por último, debe definirse en qué momento del proceso de análisis de riesgos tiene lugar cada tipo de comunicación (FAO, 2008).

Según la naturaleza del problema de inocuidad de los alimentos, el número y particularidad de los grupos implicados y el contexto social, existen diferentes alternativas válidas para transmitir y recibir información (véase el cuadro 15).

CUADRO 15. TÁCTICAS PARA LA PARTICIPACIÓN EN EL ANÁLISIS DE RIESGO.

Técnicas basadas en reuniones	Otras técnicas
Audiciones públicas	Entrevistas
Reuniones públicas	Líneas directas y servicios telefónicos gratuitos
Sesiones informativas	Sitios web
Sesiones de preguntas y respuestas	Publicidad y hojas volantes
Cabildos abiertos	Televisión y radio
Debates de panel	Informes, folletos y boletines
Grupos de consulta	Cabinas, muestras y exhibiciones
Talleres	Concursos y eventos

Fuente: FAO (2007).

La inocuidad alimentaria debe considerar las posibles emergencias que puedan ocurrir en el sistema productivo, además de la estrategia para la recopilación de la información que revelará si el incidente efectivamente es una emergencia. En el caso de las ART, es importante identificar los escenarios de una emergencia de riesgo a la salud pública y/o el medio ambiente (FAO, 2008).

Cuando la autoridad en inocuidad reciba informes (medios de comunicación, pruebas de laboratorio, quejas de consumidores, por ejemplo) de que existe un evento de consecuencias graves, hay que determinar:

1. La magnitud del evento.
2. La necesidad de involucrar a altos funcionarios.
3. Si el plan de intervención en situaciones de emergencia debe ser activado.

Debe verificarse que los informes iniciales sean de una fuente confiable o respaldada por análisis de laboratorio y tiene que iniciarse la investigación epidemiológica para determinar:

1. Si el producto pudiera estar contaminado con microorganismos patógenos.
2. Si está implicada alguna enfermedad grave o muertes.
3. Si el evento se presenta de manera localizada o generalizada.
4. Si la fuente del peligro ha sido identificada.
5. El probable alcance de la distribución del producto (por ejemplo, local, regional, nacional, internacional).
6. Si la ausencia de acciones podría resultar en la ocurrencia generalizada de enfermedad.

Después de analizar estos puntos y establecer que el evento es una emergencia, se deberá activar el plan de emergencia de la empresa, relativo a la inocuidad de los alimentos (tomando en cuenta la normatividad oficial). El plan definirá, con suficiente detalle, las funciones y responsabilidades de los involucrados en la gestión de las emergencias, con el fin de que las personas comprendan claramente sus roles y que se eviten ambigüedades y duplicidades (FAO, 2008). Adicionalmente es necesario:

1. Identificar los objetivos y los datos que deben ser recabados de la emergencia.
2. Identificar las partes a las que hay que notificar.
3. Hacer un árbol de decisión.

Estos tres puntos proporcionarán una visión general de la situación y se dispondrá de información para poder comunicarla.

Conociendo todo lo anterior, se inicia de inmediato una evaluación de riesgos, involucrando a todos los asociados relevantes (para contar con información adicional), y si el peligro es nuevo o inusual, es necesario obtener suficiente información de campo en el menor tiempo posible. El último paso es estandarizar la terminología utilizada tanto por los evaluadores como los gestores de riesgos para evitar malos entendidos. En el cuadro 16 se muestra un ejemplo de formato para la evaluación de riesgos (FAO, 2008).

Cuando los gestores de riesgo den la alerta a los evaluadores de riesgos hay que tomar decisiones donde se verifique: *1)* que el proceso tenga implementados estándares de inocuidad que puedan reducir o eliminar la necesidad de hacer una evaluación de riesgos; *2)* analizar si hay suficiente información para realizar una evaluación de riesgos o si se puede utilizar información de otros casos o lugares que pueda ayudar a nuestra evaluación y, si esto no es posible, se realiza una nueva (FAO, 2008).

En caso de una emergencia y debido al poco tiempo con el que se dispone, es recomendable ponerse en contacto con la autoridad de otros países, sobre todo si es producto de exportación. La información que proporcionen puede enriquecer el conocimiento local para permitir la recolección rápida de datos e información relevante necesaria para satisfacer las preguntas científicas que deben ser contestadas. La información científica se divide en dos categorías (FAO, 2008): 1) La información existente (por ejemplo, revisiones bibliográficas, las evaluaciones de riesgos disponibles en internet, etcétera); y 2) Los datos específicos del incidente que se basan en la investigación de inocuidad de los alimentos y/o las investigaciones epidemiológicas.

CUADRO 16. FORMATO DE SOLICITUD DE EVALUACIÓN DE RIESGOS DE EMERGENCIA PARA GESTORES DE RIEGOS.

1) Identificación de problemas

Descripción del Problema

Área involucrada

Fecha de solicitud

Número de problema

¿Se adjunta informe del problema? (Por favor, marque)

Detonante

Nombre del solicitante

2) Alcance (indique claramente las preguntas para la gestión de riesgos)

3) Información sobre el producto

Tipo de producto

Nombre común

Marca

Tamaño del empaque o contenedor

Código de lote

Fecha de vencimiento

Nacional/importado

Nombre del fabricante

Dirección del fabricante

Nombre del importador

Dirección del importador

País de origen

Fecha de fabricación

Fecha de importación

CUADRO 16. (continuación).

Tipo de empaque	
Listado de ingredientes	
Etiqueta (declaraciones)	
	¿Se adjuntan etiquetas? (Por favor, marque)
¿Producto listo para consumirse o no?	
Instrucciones de preparación	
Instrucciones de almacenamiento en la etiqueta	
pH	
Actividad del agua (AW)	
Sal (%)	
Humedad (%)	
Otros conservantes, aditivos o coadyuvantes de elaboración	
Condiciones de almacenamiento	
Duración	
Fecha de elaboración	
Fecha de envasado	
4) Distribución	
Cantidad fabricado/importado	
Cantidad distribuida	
Grado de distribución (hoteles, minoristas, consumidor)	
Distribución geográfica	
Número de personas que consumieron el alimento sospechoso	

Fuente: FAO (2011).

En los casos en que el peligro no esté totalmente determinado, o que los datos y el tiempo con los que se cuenta no son suficientes, es necesario utilizar otros datos como sustitutos para abordar preguntas científicas, utilizando datos de estudios de toxicidad, valores de referencia o de guía, así como datos de dosis-respuesta preexistentes (FAO, 2008).

En cualquier evaluación de la exposición alimentaria, es importante determinar la concentración de los microorganismos o residuos químicos en los alimentos al momento del consumo o contacto humano. Los factores a considerar son: los datos de muestreo, el tiempo entre la toma de muestra y el consumo probable, temperatura de almacenamiento, el crecimiento microbiano, las tasas de degradación química y la inactivación o degradación a través de la cocción u otros métodos de preparación. Con base en esta información, puede estimarse la concentración en el momento de consumo o utilización.

Una manera de determinar los riesgos es realizando árboles de decisión para agilizar la identificación y cuantificación de estos, tal como el que se muestra en la figura 6.

Elaborar un sistema bien definido para la clasificación de las situaciones de emergencia en inocuidad de los alimentos permitirá tomar decisiones rápidas y coherentes sobre los métodos de gestión de riesgos a utilizar para cada tipo de peligro, de acuerdo con la escala y/o la emergencia. La categorización de los niveles de emergencia permite conocer anticipadamente qué opciones se tienen para una situación específica, como se muestra en el ejemplo del cuadro 17.

Una vez identificados los riesgos, es importante tomar acciones que permitan gestionarlos. Algunas de ellas se enlistan en el siguiente apartado.

Acciones para gestionar los riesgos identificados

- Recolectar los productos afectados o potencialmente implicados y realizarles pruebas de laboratorio.
- Controlar las importaciones.
- Detener la producción y distribución del producto.
- Retirar el producto o productos del mercado (de manera voluntaria u obligatoria).
- Publicar alertas y advertencias públicas.
- Utilizar estrategias de comunicación activa.
- Detener o embargar el o los productos.
- Reacondicionar el o los productos.
- Destrucción del o los productos.
- Persecución penal.

La selección efectiva de alguna de estas acciones de riesgo está en función de diversos factores que deben ser considerados; entre otros, se hallan los siguientes:

- La capacidad de análisis con que cuenta la planta o el productor. Si la realización de análisis de laboratorio es limitada se debe buscar ayuda en otros laboratorios regionales o internacionales.
- La falta de conocimiento de una determinada emergencia o situación produce una decisión retardada, hasta tener más datos se seleccionará una acción.
- Consideraciones legales alrededor del producto o el proceso de producción.
- Las consideraciones de la industria es un factor importante porque, con su cooperación, pueden conocerse las acciones posibles o más deseables.
- Expectativas y percepción del público.

Para determinar si un peligro se ha controlado eficientemente,

Figura 6. Ejemplo de un árbol de decisión para identificar y cuantificar el nivel de riesgo asociado con un producto.

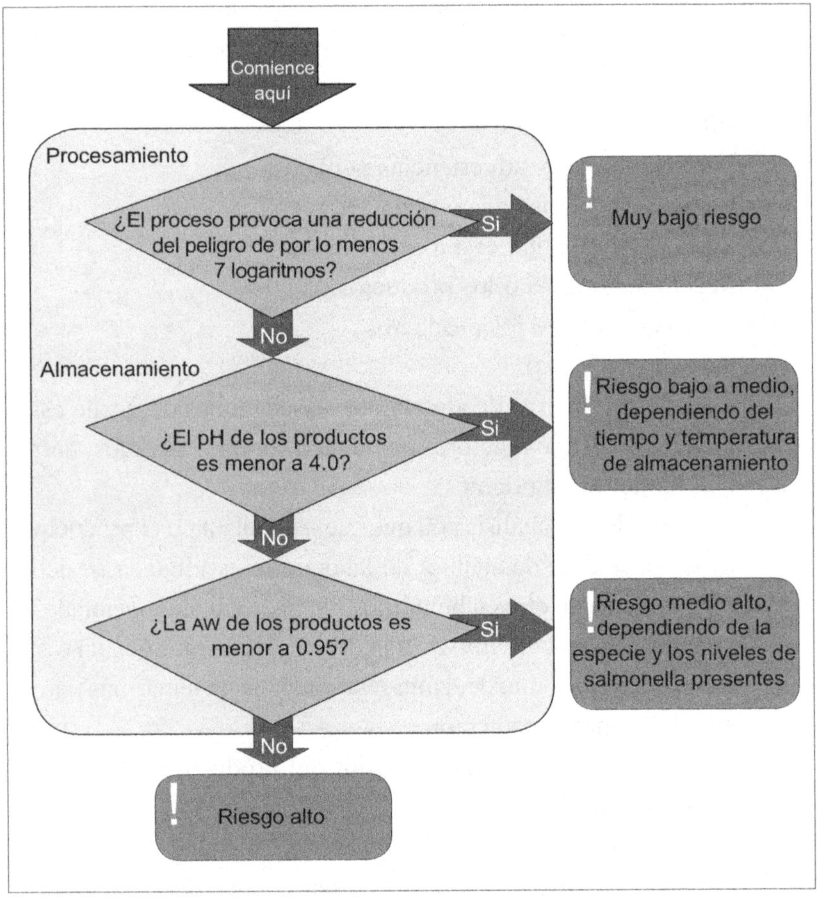

Fuente: FAO (2011).

CUADRO 17. EJEMPLO DE CATEGORIZACIÓN DE NIVELES DE EMERGENCIA.

Categoría del riesgo	Acciones de gestión	Opciones de comunicación al público de riesgo
Bajo	a) Considere la posibilidad de detención o embargo del producto. b) Considere el retiro del producto.	• Alerta pública o publicación. • Enfoque de comunicación pasiva.
Medio	a) Detención o embargo del producto. b) Retiro del producto.	• Anuncios activos (comunicado de prensa).
Alto	a) Detención/embargo o destrucción del producto. b) Retiro del producto. c) Investigación adicional (otros productos sospechosos). d) Actividades de cooperación con los organismos asociados, la comunidad médica, expertos, técnicos, etc. e) Actividades para llegar a la comunidad (líneas telefónicas de ayuda, servicios sociales etc.)	• Reforzar las prácticas de comunicación con actualizaciones frecuentes. • Anuncios activos (comunicado de prensa, conferencia de prensa). • Actualizaciones a través de múltiples medios de comunicación (radio, TV, sitios web, portales, medios de comunicación social, grupos de enfoque). • Establecer una comunicación bidireccional con líneas directas y reuniones públicas.

Fuente: FAO (2011).

se debe evaluar y estimar el alcance de la efectividad de las acciones realizadas. Este seguimiento permite observar si se está llevando el control del peligro de manera eficiente; de no ser así, se deberán implementar medidas adicionales para gestionar el riesgo, o utilizar información adicional para una nueva evaluación del riesgo. Por otra parte, un monitoreo constante nos puede indicar si el peligro ya fue controlado y, por lo tanto, determinar el cierre de la emergencia.

Es necesario, además, establecer la comunicación de riesgos en situaciones de emergencia y que esta sea de manera frecuente, debido a que las partes involucradas requieren informes actualizados; dicha comunicación debe ser coordinada a través de una sola persona u oficina, para evitar confusiones. En cuanto a la persona o el equipo de respuesta, se deben asignar a miembros que tengan conocimientos sobre cómo comunicar riesgos, para entregar dichos mensajes al público.

La comunicación de riesgos permite mantener la transparencia, brindando la información suficiente para evitar preocupaciones o reacciones exageradas. Se deben identificar los distintos públicos objetivo a los cuales se dirigen los mensajes, y encontrar formas fáciles y claras de comunicación con esos grupos (industria, público en general y organismos internacionales).

La comunicación con la industria es muy importante, por lo cual es útil que esta y el gobierno establezcan los puntos de contacto, y acuerden los planes que se deberán llevar a cabo cuando ocurra una emergencia. Estos planes podrían acordarse con las asociaciones industriales, empresas, agentes aduaneros y los principales importadores y exportadores del producto (FAO, 2011).

La comunicación de riesgos al público en general es esencial, con mensajes tan precisos y oportunos como sea posible, ya que esto generalmente influye en la percepción que tiene la población sobre la capacidad de la autoridad nacional en inocuidad de alimentos para manejar la emergencia (FAO, 2007).

Por último y no menos importante, debe establecerse una comunicación con organismos internacionales y/o regionales cuando los productos han sido comercializados para compartir datos, esto permitirá a los países combinar sus recursos, afrontar la emergencia en conjunto y apoyarse mutuamente para realizar evaluaciones de riesgos integrales (FAO, 2007).

Monitoreo de aguas

La calidad del efluente de la PTAR puede generar efectos adversos en la salud de los agricultores, consumidores, cultivos, así como en los cuerpos de agua y suelos. Por esta razón, las entidades públicas responsables del tratamiento de las aguas residuales tienen la obligación de realizar el monitoreo de la calidad del agua del efluente en términos de las normas oficiales mexicanas. Asimismo, estas deben conservar los registros de la información resultante del muestreo y análisis de al menos los tres últimos años, dado que la autoridad tiene la competencia de requerir dicha información en caso de que lo considere pertinente.

Cuando se identifiquen descargas de ART, que a pesar del cumplimiento de los límites máximos permisibles establecidos en la NOM-001-Semarnat-2021 causen efectos negativos en los terrenos de cultivo, la Conagua podría fijar condiciones particulares de descarga para señalar límites máximos permisibles si lo considera necesario, bajo los siguientes parámetros:

- Demanda química de oxígeno.
- Fósforo total.
- Grasas y aceites.
- Nitrógeno total.
- Metales pesados (cobre, cromo, mercurio, zinc y otros).
- Relación de absorción de sodio.
- Sustancias activas al azul de metileno.

- Temperatura.
- Tóxicos orgánicos.
- Unidades de toxicidad aguda con *Daphnia magna*.

Los sitios o estaciones de muestreo deberán localizarse en las zonas de entrada de las aguas residuales y de otras aguas superficiales a la zona de riego, en los afluentes y efluentes de los sistemas de tratamiento que almacenen y/o traten este tipo de aguas, en los sitios donde el mezclado de aguas sea homogéneo.

La frecuencia del monitoreo dependerá de la naturaleza del agua residual, del periodo de descargas industriales, así como de la reglamentación indicada, en este caso por la NOM-001-Semarnat-2021, que establece una frecuencia de muestreo y análisis de acuerdo con el rango de población para las descargas municipales (véase el cuadro 18) y no municipales (véase el cuadro 19).

De acuerdo a la norma, los análisis se obtendrán de muestras compuestas que resulten de la mezcla de muestras simples tomadas a diferentes intervalos de colecta, dependiendo de las horas del día que opera el proceso que genera la descarga.

CUADRO 18. FRECUENCIA DE MUESTREO, ANÁLISIS Y REPORTE, DE ACUERDO CON EL RANGO DE POBLACIÓN PARA LAS DESCARGAS MUNICIPALES.

Rango de población	Frecuencia de muestreo y análisis	Frecuencia del reporte
Mayor de 50 000 habitantes	Mensual	Trimestral
De 10 001 a 50 000 habitantes	Trimestral	Trimestral
De 2 501 a 10 000 habitantes	Semestral	Trimestral

Fuente: Modificada de la NOM-001-Semarnat-2021 (Semarnat, 2022).

Cuadro 19. Frecuencia de muestreo, análisis y reporte, de acuerdo con el rango de población para las descargas no municipales.

Demanda química de oxígeno (t/día)	Carbón orgánico total (t/día)	Sólidos suspendidos totales (t/día)	Frecuencia de muestreo y análisis	Frecuencia de informe de resultados de muestreo y análisis
Mayor a 3.0	Mayor a 0.75	Mayor a 3.0	Mensual	Trimestral
De 1.2 a 3.0	De 0.3 a 0.75	De 1.2 a 3.0	Trimestral	Trimestral
Menor a 1.2	Menor a 0.3	Menor a 1.2	Semestral	Trimestral

Fuente: Modificada de la NOM-001-Semarnat-2021 (Semarnat, 2022).

La norma mexicana NMX-AA-003-1980 Aguas Residuales-Muestreo (SCFI, 1980) establece los lineamientos generales y recomendaciones para muestrear las descargas de aguas residuales, con el fin de determinar sus características físicas y químicas, debiéndose observar las modalidades indicadas en las normas de métodos de prueba correspondientes.

Cualquiera que sea el método de muestreo específico que se aplique, las muestras deben ser representativas de las condiciones que existan en el punto y hora del muestreo y tener el volumen suficiente para efectuar en él las determinaciones correspondientes. Estas muestras deben representar lo mejor posible las características del efluente total que se descarga por el conducto que se muestrea. Al efectuarse el muestreo, es necesario etiquetar las muestras y llenar la hoja de registro, como lo indica la norma previamente mencionada. Este procedimiento se realiza con la finalidad de que, en un momento dado, pueda repetirse el muestreo en el mismo lugar y en condiciones similares.

Las tuberías que conduzcan ART muestreadas deben contar con tomas de fácil acceso, de preferencia a cielo abierto, con el objeto de caracterizar debidamente las aguas residuales. Las tomas deben tener un diámetro adecuado para muestrear correctamente las aguas residuales en función de los materiales que puedan contener, deben ser de la menor longitud posible y se debe procurar situarlas de tal manera que las muestras sean representativas de la descarga. Antes del llenado del recipiente donde se almacenará la muestra, es necesario dejar fluir diez veces el volumen de la muestra.

En el caso de que el muestro sea en descargas libres en forma de chorro, se debe enjuagar repetidamente el muestreador; se toma directamente la muestra en su recipiente para, posteriormente, ser transferida al recipiente para la muestra.

Para preservar las muestras, es necesario agregar un baño de hielo durante su transporte al sitio de conservación, donde deberán de ser colocadas dentro de un refrigerador a una temperatura de 277 °K (4 °C). La NMX-AA-003-1980 recomienda que el lapso entre la colecta de la muestra y sus análisis sea el menor posible y no exceda de tres días.

Los análisis de las muestras de agua serán realizados de acuerdo con los métodos de prueba referidos en la NOM-001-Semarnat-2021. Una vez realizados los análisis de las muestras, es necesario comparar los resultados con las normas relacionadas de forma directa o indirecta con el reúso del ART en la agricultura.

CAPÍTULO 6. SOCIALIZACIÓN DEL PROYECTO DE REÚSO

Organismos operadores del agua

En México, los organismos operadores del agua encargados del tratamiento de las aguas residuales y su distribución son, en general, los mismos que se encargan de prestar los servicios de agua potable, drenaje y tratamiento en su respectiva jurisdicción. Particularmente, en el estado de Baja California son administrados por el gobierno de la entidad y están organizados por municipios, con el nombre de Comisión Estatal de Servicios Públicos (CESP). Estos organismos son los encargados de realizar, por sí mismos o a través de terceros, las obras de infraestructura hidráulica, su operación y mantenimiento.

La CESP es un administrador comisionado por la ciudadanía para cuidar y preservar el patrimonio común; está compuesto por fuentes de abastecimiento (acuíferos y ríos), infraestructura, información (cartera de clientes, planos, bases de datos, planes a futuro) y sus propios recursos humanos. La CESP no es dueño del agua ni de la infraestructura, por lo tanto, esta se encuentra bajo la supervisión de las autoridades estatales y federales (FCEDAC, 2000).

Por tal motivo, el objetivo de los organismos operadores del agua (en este caso la CESP) es atender a la ciudadanía, por lo cual es necesario que consideren a los beneficiarios de sus servicios (usuarios, clientes, ciudadanos con poder de voto y decisión) como sus patrones y copropietarios de la infraestructura —y no como objeto de lucro—, todo esto con el fin de preservar el recurso y así no afectar los intereses de las generaciones futuras.

Además, es fundamental que todas las decisiones con respecto a los planes a largo plazo, fuentes de abastecimiento, inversiones, concesiones de algunas funciones, etcétera, sean consultadas y debatidas con los usuarios. Esta participación puede ser mediante diferentes medios como: referéndum, encuestas y consejo ciudadano que revise y apruebe junto con diferentes instancias gubernamentales (NYWEA, 2013).

Las funciones de la CESP comprenden asuntos de ingeniería (operación, mantenimiento, rehabilitación y ampliación de la infraestructura), temas comerciales y de los usuarios (padrón o inventario de clientes, contrataciones, cobranza, entre otros) y cuestiones de representación y gestión ante otras autoridades respecto de concesiones de agua, descargas, etcétera. Para ofrecer estos servicios a la comunidad, se necesita infraestructura (que deberá operar, mantener, ampliar o renovar) y personal especializado (FCEDAC, 2000).

Otras funciones de las CESP son la comunicación (tanto con la ciudadanía como con otras autoridades), los aspectos comerciales y de atención al público, además de colaborar con el Consejo de Cuenca, los Consejos de Planeación Urbana y otros. Asimismo, debe ser capaz de atender cualquier problema ambiental, legal, comercial, financiero, de ingeniería o de otra índole que tenga relación con su responsabilidad primaria de dotar de agua, y deshacerse de ella una vez usada sin generar contaminación (FCEDAC, 2000).

Legalmente, las CESP deben someterse a obligaciones, controles y supervisiones por parte de instancias superiores: Estado, Congreso local, Comisión Estatal de Agua (CEA) y Conagua. Estas instancias, además de supervisar el trabajo de las CESP, financian las actividades y obras a realizar, ya sean de mantenimiento o de ampliación de infraestructura. Por tal motivo, cuentan con mecanismos de supervisión para asegurar el cumplimiento de las actividades comprometidas. Sin embargo, las CESP están comprometidas a recuperar parte de sus costos de operación, mantenimiento de la infraestructura de abastecimiento, recolección y tratamiento en general, con las aportaciones por el pago del servicio.

Las responsabilidades más importantes que requieren especial atención por parte del director del organismo operador del agua son las siguientes:

- Planes de desarrollo del organismo para hacer frente al crecimiento de la demanda de agua.
- Calidad del agua servida. Atender la NOM-179-SSA1-1998.
- Calidad del agua descargada. Atender la NOM-001-Semarnat-2021.
- Pago de derechos de extracción a la Conagua.
- Tratamiento y disposición de las aguas residuales.
- Transparencia en la información y rendición de cuentas (en particular el uso del dinero y el cumplimiento de compromisos y metas).

Una vez que las competencias y obligaciones de las CESP se hayan establecido, es claro que son estas las interesadas en reusar el ART que descargan a los cuerpos de agua nacionales. Dado que recibirán un pago por estas aguas, según lo establece la *Ley de Ingresos* del estado. Las tarifas del agua tanto de abastecimiento, recolección y tratamiento incluyendo las aguas potables, tratadas y no tratadas son establecidas por el poder judicial, a través de la legislatura en cuestión, en la *Ley de Ingresos del Estado de Baja California* como parte del ejercicio fiscal anual. Existe un interés genuino en recibir estas aportaciones; sin embargo, deben tener en cuenta que sus PTAR están diseñadas para alcanzar la calidad de agua indicada por la NOM-001-Semarnat-2021, tal como lo establece su permiso de descarga ante la Conagua.

Es, por lo tanto, necesario que las PTAR proporcionen a las aguas un tratamiento mayor para hacer viable su reúso. Es decir, un tratamiento secundario o inclusive terciario. Para alcanzar un nivel de depuración mayor y hacer confiable la calidad del agua para uso agrícola (dependiendo del cultivo en que se aplique), resulta necesario hacer modificaciones a los procesos de depuración, o bien, incluir procesos adicionales, e inclusive contar con líneas paralelas que permitan hacer frente a las contingencias. Todo esto requiere apoyo financiero y tecnológico que será preciso considerar en los proyectos de reúso.

De todas formas, los requerimientos de calidad del agua y sus volúmenes deben ser analizados de forma detallada para reducir costos y hacer más viable el programa de reúso. Es recomendable que los potenciales usuarios del ART estén de acuerdo en apoyar financieramente estas adecuaciones de las PTAR, con la finalidad de asegurar la calidad, ampliar el espectro de cultivos a regar y, fundamentalmente, contar con una fuente adicional de agua.

Usuarios agrícolas

El uso de las ART en la agricultura es una forma eficiente para conservar el agua, reciclar nutrientes y reducir la contaminación de las aguas superficiales. Sin embargo, existen riesgos significativos para la salud asociados con el reúso de ART; por lo tanto, es necesaria la planificación por parte de los agricultores y las CESP con la finalidad de optimizar los beneficios y minimizar los impactos negativos para la salud (Van der Hoek, 2001).

En los proyectos de reúso de ART se deben establecer relaciones entre la CESP (proveedor) y el agricultor (cliente), con la finalidad de cerciorarse de que el ART se use de manera segura (Özerol & Günther, 2005). Adicional a esto, se deben alcanzar acuerdos sobre tarifas o intercambio de aguas tratadas por aguas de primer uso que tengas ellos concesionadas, condiciones de servicio, financiación de sistemas nuevos y gestión de la demanda. El proveedor debe asegurar la calidad del agua para cumplir con los estándares de calidad que requiera el cultivo, así como cuidar el desempeño, operación e inspección como una medida de seguridad e inocuidad.

Generalmente no es necesario socializar a los agricultores con un proyecto de reúso de ART debido a que este surge como una necesidad de agua adicional dada la escasez del recurso hídrico. Una vez que ha empezado el proyecto, los agricultores reconocen el valor nutritivo de las ART, lo cual es un factor que impulsa aún más estos proyectos (Jiménez et al., 2010). Sin embargo, debido a los problemas potenciales del uso del ART, la socialización y la información sobre el proyecto, dirigidas a los mismos agricultores y la sociedad, resultan vitales para la aceptación del proyecto y así evitar que la desinformación pueda ser utilizada por otros grupos sociales.

Por tal motivo, es de gran importancia crear una conciencia en el agricultor de que resulta necesario un tratamiento terciario del agua residual, el cual le permita garantizar la calidad del recurso que utilizará para el riego y que el financiamiento de este tipo de tratamiento debe ser analizado en forma conjunta entre el proveedor y el cliente, debido a que es el principal beneficiado por el uso de este tipo de fuente de agua.

Población cercana al proyecto y consumidores finales de los productos

Cuando se quiere llevar a cabo un proyecto de reúso de las aguas residuales tratadas (ART), es de vital importancia una relación positiva con el público (población cercana y consumidores) (NYWEA, 2013). Generalmente, existe un desconocimiento por parte del público sobre la complejidad de los sistemas de operación de las plantas de tratamiento de las aguas residuales (PTAR), el origen de las aguas residuales y las tarifas de estas, una vez que son tratadas; sin embargo, es importante que el público tenga conocimiento de esto, ya que, por lo general, estas PTAR son construidas y operadas por organismos gubernamentales, con dinero de la contribución pública (PNUMA, 2004).

Por este motivo, es necesario crear una consciencia pública a través de la información, la educación y la comunicación. Esto puede lograrse a través de una serie de acciones, las cuales se enlistan a continuación (SNV, 2014):

- Es necesaria la participación de los beneficiarios directos del proyecto como del público en general, donde se promocionen espacios para la toma de decisiones que incluyan igualdad de género y la visión diferenciada de hombres y mujeres involucrados en el proyecto.
- Proporcionar la suficiente información para determinar la alternativa de tratamiento más viable, a través del conoci-

miento de los beneficios y limitaciones de cada una de ellas (cuando aún no se ha iniciado el proceso de construcción de la planta), o bien, cuando ya existe una PTAR, agregar sistemas de tratamiento adicional para una mayor calidad del agua.

- Promover espacios de capacitación para el uso adecuado de los sistemas de alcantarillado y, sobre todo, concientizar a las personas para que no viertan basura en el sistema.
- Hacer del conocimiento del público las tarifas de operación de los diferentes sistemas de tratamiento, mantenimiento y conducción de las aguas residuales.
- Promover visitas a la planta de tratamiento para que el público esté consciente del funcionamiento de la PTAR.
- La sensibilización, capacitación e información deben ser continuas a lo largo de todo el ciclo del proyecto, incluyendo, por una parte, el tratamiento de las aguas residuales y, por otra, su potencial de reúso.

La comunicación es necesaria para crear una consciencia pública que ayude a comprometer a las personas que realizan las políticas, al sector privado y a las comunidades para prevenir errores costosos. Asimismo, es necesario mantener informado y convencido al público de que formen parte del proceso, con la finalidad de cambiar su percepción en torno al ART (PNUMA, 2004).

Generalmente, la comunicación debe estar a cargo del gobierno local, el cual actúa como proveedor primario de la información acerca las ART hacia el público en general; así, esta instancia se convierte en el enlace para que los usuarios comprendan el sistema de operación de la PTAR, el mantenimiento necesario para el mayor rendimiento de esta, los costos de operación y el uso apropiado de las ART.

Es importante tener en claro lo que se desea comunicar al público, ya que esto permitirá incrementar la conciencia pública. Es por ello que se provee una serie de pasos para movilizar los diferentes segmentos de los usuarios, con el fin de apoyar el manejo sustentable de las ART (PNUMA, 2004):

1. Formular la visión general: Es el resultado de implementar una estrategia de manejo de aguas residuales.
2. Evaluación la situación actual: Esta requiere enfocarse en los sistemas existentes para la recolección, eliminación y tratamiento de las aguas residuales, lo cual conduzca a la evaluación a través del personal gubernamental local y con esto involucrar a los principales interesados (sector privado, las autoridades de la comunidad y las comunidades). La evaluación es una herramienta poderosa para incrementar la conciencia pública.
3. Investigaciones de audiencia y formulación de grupos objetivos: Evaluar las necesidades de los diferentes sectores del público y cuáles son los conocimientos, actitudes y prácticas de estos, con la finalidad de clasificar a todos los interesados en grupos objetivos característicos, donde cada uno tiene requerimientos específicos de comunicación. Es de suma importancia desarrollar mensajes claros orientados a los grupos objetivos, los cuales deben relacionarse con los conocimientos, actitudes y prácticas actuales para lograr ser efectivos.
4. Fijar prioridades: Estas deben ser realistas y especialmente a corto plazo, dado que influenciarán las decisiones de los diferentes segmentos. Usualmente, el gobierno local debe responsabilizarse por la acción y suele jugar un papel central para abogar e involucrar a otros.
5. Encontrar los incentivos adecuados: Los incentivos pueden variar considerablemente para cada grupo objetivo. Para es-

timular la participación activa, es necesario asegurarse de que los incentivos se relacionen claramente con el segmento al cual se dirigen.

6. Fijar metas y acordar indicadores verificables: Alcanzar acuerdos en metas operacionales específicas que sean realistas y puedan ser alcanzadas en el periodo estipulado, involucrar a los principales interesados en la determinación de las metas y en el desarrollo de indicadores que permitan verificar el alcance de las mismas. Cuando las metas son fijadas por consenso de los participantes, las probabilidades de alcanzarlas se incrementan, ya que todos los involucrados adquieren el compromiso de cumplirlas.
7. Crear alianzas: Identificar y movilizar a socios potenciales para el apoyo político y financiero, y para la implementación en sí. Dirigirse a todos los interesados relacionados con el manejo de las aguas residuales incluyendo a los cuerpos legislativos, las industrias, los grupos de profesionales, las organizaciones no gubernamentales, las universidades y centros de investigación, los grupos religiosos, los medios y las comunidades.

Una vez que se han determinado los objetivos de la comunicación, es necesario establecer los medios por los cuales se realizará la comunicación al público. Por tal motivo, algunas de las claves para lograr lo anterior y educar a la comunidad son (PNUMA, 2004):

- Encuestas comunitarias.
- Anuncios publicitarios (radio, televisión, etcétera).
- Presentaciones en escuelas, espacios públicos, entre otros.
- Boletines informativos.
- Anuncios en el servicio público.

La comunicación —vista como herramienta para lograr un cambio en el comportamiento del público— constituye un proceso complicado de acción, reacción e interacción humana. Requiere entender cuáles son los obstáculos potenciales, presentar las opciones pertinentes y prácticas, e informar a las personas sobre los impactos que tienen las elecciones que realizan (PNUMA, 2004). Sin embargo, una vez que se ha logrado una comunicación efectiva, se obtiene como resultado (NYWEA, 2013):

- Desmitificar el tratamiento de las aguas residuales mostrando las conexiones directas entre lo que hacen los profesionales del sector hídrico y lo que el público valora (creación de empleos, protección de la salud, protección del medio ambiente y proporcionar agua limpia).
- Ampliar y profundizar el conocimiento del valor del agua.
- Explicar que el agua es un recurso precioso y limitado que necesita ser reciclado y reutilizado.
- Elevar el perfil de los profesionales del sector hídrico mediante el respeto y el aprecio por los servicios que prestan.
- Crear una base de conciencia pública para apoyar las inversiones necesarias en infraestructura.
- Apoyar prácticas de vanguardia para entregar, recuperar y reutilizar los recursos hídricos.

CAPÍTULO 7. CUESTIONARIO GENERAL PARA UN PROYECTO DE REÚSO DE ART EN LA AGRICULTURA

El objetivo de este cuestionario es cubrir, de forma general, los aspectos más importantes para iniciar un proyecto de reúso de ART en la agricultura. No se pretende abarcar todos los aspectos requeridos, sino dejar de manifiesto el conocimiento o la consideración de los principales elementos que tendrán que tenerse en cuenta. Debe ser llenado por los interesados en el reúso del ART, es decir, los agricultores, pero con apoyo de los Organismos Operadores del Agua y la Conagua. El cuestionario incluye elementos de la información presentada por Acuña y Molina (2007) así como de Pettygrove y Asano (1985).

I. Tratamiento y disponibilidad de ART

Datos generales
Nombre de la PTAR: ______________________________
Ubicación: ______________________________________
Organismo Operador de la PTAR: _____________________
Año de construcción de la PTAR: _____ Volumen tratado por la PTAR: ______ L/s
Origen del agua residual:
Doméstica ☐ Municipal ☐ Industrial ☐ Agrícola ☐

1. Tipo de tratamiento que ofrece la PTAR: ________________ ____________________

2. ¿Se cuenta con registro de volúmenes tratados por la planta?
Sí ☐ No ☐

2.a Volúmenes disponibles para uso en el proyecto agrícola:
Vol. medio diario______ Vol. medio mensual: _____
Vol. medio anual: _____

3. Condiciones de descarga del ART de acuerdo con la Conagua:
____

4. ¿La planta cuenta con análisis químicos del agua tratada?
Sí ☐ No☐

4.a En caso de que su respuesta sea afirmativa:
Laboratorio que realiza los análisis químicos:
____
Periodicidad de los análisis químicos: ________________

5. ¿El agua tratada de la PTAR cumple con la NOM -001-Semarnat-2021?

Sí ☐ No ☐

(En caso de ser afirmativo, adjuntar análisis y comparar con límites permisibles incluidos en el apartado "Fuente del agua residual tratada" [p. 16]).

6. ¿La PTAR cuenta con un protocolo de atención a imprevistos que pongan en riesgo el cumplimiento de los parámetros de calidad del agua del efluente?

Sí ☐ No ☐

(En caso de ser afirmativo, anexar protocolo).

7. ¿Cuenta con un documento expedido por la autoridad correspondiente mediante el cual se concesione el volumen necesario para un proyecto de reúso?

Sí ☐ No ☐

(En caso afirmativo, anexar copia. En caso negativo, es necesario gestionar).

8. Usuarios potenciales de las ART: ______________________

____

____

9. Superficie a regar con las ART: ____________________ha

10. Requerimiento aproximado de ART: __________________

____________________l/s

11. ¿El agua tratada de la PTAR cubre los requerimientos de volumen potencial de agua para el proyecto?

Sí ☐ No ☐

12. ¿El agua tratada de la PTAR cubre los requerimientos de calidad de ART para el proyecto?:

Sí ☐ No ☐

(Si la respuesta es "No", se debe considerar un proceso de depuración adicional en el que se alcancen los niveles de calidad que se requieran o cambiar de tipo de cultivo. Continuar con el cuestionario.

Si la respuesta es "Sí", se debe analizar su viabilidad para el cultivo, suelo, tipo de irrigación, entre otros aspectos. Continuar con el cuestionario).

II. Ubicación y conducción

13. Distancia de conducción aproximada de la PTAR al sitio de reúso de ART: ____km

14. Tipo de sistema de conducción requerido:

Emisor entubado: ☐ Canal a cielo abierto: ☐

15. Requerimientos energéticos para la conducción del ART de la PTAR al sitio de reúso:

Bombeo ☐ Por gravedad: ☐ Ambos: ☐

16. ¿El costo de conducción del ART será cubierto por el usuario potencial?

Sí ☐ No ☐

III. Selección del tipo de cultivo

17. Anote los tres principales tipos de cultivos que se desean regar con ART, la superficie potencial y si es permitido de acuerdo con la calidad del agua obtenida de la PTAR:

Tipo de cultivo		Superficie	Permitido	
A	______________	______________ ha	Sí ☐	No ☐
B	______________	______________ ha	Sí ☐	No ☐
C	______________	______________ ha	Sí ☐	No ☐

17.a En caso de ser negativo, que prefiere:
A) Elegir otro cultivo ☐ o dar un tratamiento adicional al ART ☐
B) Elegir otro cultivo ☐ o dar un tratamiento adicional al ART ☐
C) Elegir otro cultivo ☐ o dar un tratamiento adicional al ART ☐

17.b En caso de elegir dar un tratamiento adicional al ART, ¿qué tipo de tratamiento es necesario para alcanzar la calidad del ART adecuada para el cultivo?
A) Tratamiento: ______________________________
B) Tratamiento: ______________________________
C) Tratamiento: ______________________________

18. ¿La rentabilidad del cultivo permite cubrir el costo de un tratamiento adicional al ART para contar con ART de calidad adecuada al cultivo a utilizar?

Sí ☐ No ☐

18.a En caso de elegir otro cultivo, ¿se cuenta con los recursos necesarios?

Técnicos ☐ Económicos ☐ Comercialización ☐

IV. SELECCIÓN DEL TIPO DE RIEGO

19. Tipo de suelo a irrigar con ART____________________

20. Condiciones del terreno a irrigar con ART:
Activo ☐ Suelo en descanso ☐
En caso de estar en descanso, explicar la razón:
____
____

21. Sistema de riego utilizado con anterioridad:
__________________ (véase el apartado "Estimación del volumen y área requerida para un reservorio" [p. 89]).

22. Evalúe la factibilidad de cambiar la gestión agronómica. ¿Estarían los usuarios dispuestos a cambiar la frecuencia de riego, el volumen regado, la aplicación de agua limpia en el último riego, entre otras?

Frecuencia de riego	Volumen regado	Aplicación de agua limpia
Sí ☐ No ☐	Sí ☐ No ☐	Sí ☐ No ☐

23. Evalúe la factibilidad de cambiar el tipo de riego utilizado a otro más adecuado para el uso del ART. ¿Estarían los usuarios dispuestos a cambiar el tipo de riego?
Sí ☐ No ☐

24. En caso de ser necesario, ¿cuenta con los recursos para el cambio de sistema de riego?
Tecnológicos: 1. Sí ☐ No ☐
Económicos: 1. Sí ☐ No ☐

25. ¿Las parcelas aledañas cuentan con cultivos restringidos (comestibles crudos)?

Sí ☐ No ☐

V. Medición de los volúmenes de ART aplicados

26. ¿Dónde se registrará el volumen de agua que le sea entregada?
En la salida del emisor de la PTAR, en bloque ☐
En la entrega a cada usuario, a pie de parcela ☐

27. ¿Cuál sería la frecuencia de la medición?
Continua y automática ☐ Semanal y manual ☐
Mensual y manual ☐

VI. Calidad del agua, monitoreo y plan de contingencia

28. ¿Tiene contemplado un programa de monitoreo sistemático de la calidad del ART recibida?

Sí ☐ No ☐

29. ¿Tiene identificado a un responsable de realizar análisis de la calidad del ART recibida?

Sí ☐ No ☐

30. ¿Tiene contemplado un programa de monitoreo sistemático de la calidad del suelo irrigado con ART?

Sí ☐ No ☐

31. ¿Se tiene identificado a un responsable de realizar análisis de la calidad del suelo en las parcelas regadas con ART (véase el apartado "Monitoreo de suelos" [p. 96]).

Sí ☐ No ☐

32. ¿Se han establecido los protocolos de contingencia en caso de riesgo por incumplimiento de la calidad del ART proveniente de la PTAR?

Sí □ No □

33. ¿Tiene identificado a un responsable de implementar los protocolos de contingencia en caso de que el ART no cumpla con los criterios de calidad preestablecidos?

Sí □ No □

34. ¿Los protocolos de contingencia establecen el mecanismo de comunicación a los usuarios del ART cuando esta no cumpla con los criterios de calidad preestablecidos?

Sí □ No □

35. ¿Actualmente cuenta con algún sistema de almacenamiento para exceso de agua proveniente de la planta?

Sí □ No □

35.a En caso de ser negativa la respuesta anterior, ¿estaría dispuesto a construir un sistema de almacenamiento de ART?

Sí □ No □

VII. Riesgo de contaminación de otros cuerpos de agua

36. El terreno para reúso del ART se encuentra cercano a algún arroyo:

Sí □ No □

36.a Distancia aproximada: _________ km

37. El terreno para reúso del ART se encuentra cercano a algún pozo de extracción de agua subterránea para uso potable:

Sí ☐ No ☐

37.a En caso de ser afirmativa, distancia aproximada: ___________ km

38. A lo largo del trazo propuesto para la conducción del ART, ¿se cruza o se transita por algún cuerpo de agua protegido (acuífero o reservorio superficial para uso de agua potable, pozo de agua potable)?

Sí ☐ No ☐

38.a Si la respuesta es afirmativa, ¿se están contemplando las medidas de seguridad necesarias para evitar su posible contaminación por el proyecto de conducción?

Sí ☐ No ☐

VIII. Control sanitario e inocuidad

39. ¿Tiene un plan de protección contra riesgo sanitario para los agricultores que estén usando ART?

Sí ☐ No ☐

39.a Si la respuesta es negativa. Debe considerarse la formulación de un plan de protección mediante la aplicación de normas de seguridad e higiene de los trabajadores que tendrán contacto directo con el ART.

39.b Si la respuesta es afirmativa, ¿quién o quiénes supervisarán la aplicación del plan de protección? ____________________

40. ¿Se cuenta con un plan o programa de protección de los consumidores finales que evite la contaminación del producto?

Sí ☐ No ☐

40.a En caso negativo, ¿se está considerando la selección de un cultivo cuyo consumo no sea directo, para evitar posibles problemas a los consumidores finales?

Sí ☐ No ☐

40.b En caso afirmativo, ¿se cuenta con un programa de información a los consumidores finales de la inocuidad del producto?

Sí ☐ No ☐

41. ¿Se cuenta con un plan o programa de protección a las personas que viven cerca de las zonas regadas con ART?

Sí ☐ No ☐

41.a En caso negativo, ¿se está considerando una zona de amortiguamiento que evite la proximidad de estas personas o la restricción total de su paso por estas zonas?

Sí ☐ No ☐

41.b En caso afirmativo, ¿quién o quiénes van a informar a los vecinos e identificarán posibles riesgos relacionados con la salud pública? ____

REFERENCIAS

Acuña, A.M. & Molina, P.E.C. (2007). Desempeño funcional del boro en las plantas. *Revista Científica* UDO *Agrícola*, *7*(1), 1-14.

American Society of Civil Engineers (ASCE). (2012). *Agricultural Salinity Assessment and Management, Manuals of Practice (MOP) 71*. Reston, VA.: ASCE Press.

Cisneros-Estrada, X., González-Meraz, J. & Fuentes-Ruiz, C. (2001). *Perspectiva de aprovechamiento de las aguas residuales en la agricultura.* Jiutepec, México: Instituto Mexicano de Tecnología del Agua y Secretaría de Medio Ambiente y Recursos Naturales. Recuperado de http://cenca.imta.mx/pdf/43978Pri.pdf

Cisneros-Estrada, X. & Saucedo-Rojas, H. (2016). *Reúso de aguas residuales en la agricultura.* Jiutepec, México: Instituto Mexicano de Tecnología del Agua y Secretaría de Medio Ambiente y Recursos Naturales. Recuperado de https://www.imta.gob.mx/biblioteca/libros_html/riego-drenaje/reuso-aguas-residuales.pdf

Codex Alimentarius. (2007). Principios prácticos sobre el análisis de riesgos para la inocuidad de los alimentos aplicables por los gobiernos [Contenido electrónico]. Recuperado de www.codexalimentarius.net/download/standards/10751/CX-G_062s.pdf

Cohen, A., Mamane, H. & Lester, Y. (2015). *Reutilizacion de aguas residuales en México: caso Sonora.* Tel Aviv, Israel: Tel Aviv University, Water Research Center and Comisión Nacional del Agua.

Comisión Nacional del Agua (Conagua). (1996). NOM-001-CNA-1995, sistema de alcantarillado sanitario-especificaciones de hermeticidad. Recuperado de http://legismex.mty.itesm.mx/normas/cna/cna001.pdf

Comisión Nacional del Agua (Conagua). (2009). *Manual de agua potable, alcantarillado y saneamiento: alcantarillado sanitario.* México: Comisión Nacional del Agua, Secretaría de Medio Ambiente y Recursos Naturales. Recuperado de http://www.conagua.gob.mx/conagua07/publicaciones/publicaciones/sgapds-29.pdf

Comisión Nacional del Agua (Conagua). (2010). *Manual para el manejo de zonas de riego con aguas residuales.* México: Secretaría de Medio Ambiente y Recursos Naturales.

Comité Estatal de Sanidad Vegetal de Jalisco (Cesavejal). (2015). Programa Inocuidad Agroalimentaria. Manual de Inocuidad.

Department of Environmental Protection (DEP). (2012). Reuse of Treated Wastewater Guidance Manual 385-2188-002. Pensilvania: Autor. Recuperado de https://perma.cc/BM2E-UL4D

Dillon, P., Pavelic, P., Page, D., Beringen, H. & Ward, J. (2009). *Managed aquifer recharge: An introduction.* Waterlines Report Series, 13.

Domingo, S. (2012). *Técnicas de toma y remisión de muestras de suelos*. Buenos Aires: Instituto Nacional De Tecnología Agropecuaria (INTA). Recuperado de https://inta.gob.ar/documentos/muestreo-de-suelos

Dorronsoro, C. (2002). Evaluación de suelos [Documentos electrónicos]. Recuperado de http://www.edafologia.net/evaluacion/indice.htm

Drewes, J.E. (2009). Ground water replenishment with recycled water—water quality improvements during managed aquifer recharge. *Ground Water, 47*(4), 502-505. doi: 10.1111/j.1745-6584.2009.00587_5.x

Environmental Protection Agengy (EPA). (2012). *Guidelines for water reuse*. Washington: Autor. Recuperado de https://nepis.epa.gov/Exe/ZyNET.exe/P100FS7K.TXT?ZyActionD=ZyDocument&Client=EPA&Index=2011+Thru+2015&Docs=&Query=&Time=&EndTime=&SearchMethod=1&TocRestrict=n&Toc=&TocEntry=&QField=&QFieldYear=&QFieldMonth=&QFieldDay=&IntQFieldOp=0&ExtQFieldOp=0&XmlQuery=&File=D%3A%5Czyfiles%5CIndex%20Data%5C11thru15%5CTxt%5C00000006%5CP100FS7K.txt&User=ANONYMOUS&Password=anonymous&SortMethod=h%7C-&MaximumDocuments=1&FuzzyDegree=0&ImageQuality=r75g8/r75g8/x150y150g16/i425&Display=hpfr&DefSeekPage=x&SearchBack=ZyActionL&Back=ZyActionS&BackDesc=Results%20page&MaximumPages=1&ZyEntry=1&SeekPage=x&ZyPURL#

FertiLab. (2014). *Manual de muestreo de suelo, planta y agua*. Celaya, México: Autor.

Fewtrell, L. & Bartram, J. (2001). *Water quality : guidelines, standards and health : assessment of risk and risk management for water-related infectious diseases*. Génova: World Health Organization. Recuperado de https://apps.who.int/iris/handle/10665/42442

Fondo para la Comunicación y la Educación Ambiental, AC (FCEDAC). (2000). *Agua. Guía para organismos operadores de agua potale, alcantarillado y saneamiento*. México: Autor.

Geomar Consultores. (2009). M.I.A. particular, sector hidráulico para la construccion y operación de una planta de tratamiento de aguas residuales (PTAR) de la delegación de Maneadero, municipio de Ensenada, Baja California de la Comisión Estatal de Servicios Públicos de Ensenada [Documento electrónico]. Ensenada, México. Recuperado de http://sinat.semarnat.gob.mx/dgiraDocs/documentos/bc/estudios/2009/02BC2009HD045.pdf

González, L., González, M.C. & Ramírez, R. (2002). Aspectos generales sobre la tolerancia a la salinidad en las plantas cultivadas. *Cultivos tropicales, 23*(2), 27-38.

Jain. (2014). Diseño del Modelo de riego por goteo [Documento electrónico]. Recuperado de http://www.jains.com/irrigation/drip%20irrigation%20system.htm

Jiménez, B., Drechsel, P., Koné, D., Bahri, A., Raschid-Sally, L. & Qadir, M. (2010). *Wastewater, sludge and excreta use in developing countries: an overview. astewater Irrigation*, 1.

Lazarova, V. & Bahri, A. (2005). *Water reuse for irrigation: agriculture, landscapes, and turf grass*. Boca Raton, Florida: CRC Press.

Levy, G., Fine, P. & Bar-Tal, A. (2011). *Treated Wastewater in Agriculture: Use and Impacts on the Soil Environments and Crops*. Oxford: Wiley-Blackwell.

Liotta, M., Carrión, R. Ciancaglini, N. & Olguín , P.A. (2015). *Manual de capacitación 3. riego por goteo.* San Juan, Argentina: Instituto Nacional de Tecnología Agropecuaria. Recuperado de http://inta.gob.ar/sites/default/files/inta_manual_riego_por_goteo.pdf

Metcalf & Eddy, B. (2007). *Water Reuse. Issues, technologies, and applications*. Nueva York: Mc Graw Hill.

Moscoso, J. (1995). *Aspectos técnicos de la agricultura con aguas residuales.* Lima: Centro Panamericano de Ingeniería Sanitaria y Ciencias del Ambiente. Recuperado de http://www.bvsde.ops-oms.org/bvsacd/scan/019502.pdf

New York Water Environment Association (NYWEA) & Enviromental Finance Center. (2013). *Wastewater Management Handbook for Local Representatives*. Syracuse: Autor.

Organización de las Naciones Unidas para la Agricultura y la Alimentación (FAO). (2007). *Análisis de riesgos relativos a la inocuidad de los alimentos de la FAO/OMS, Servicios de Calidad de alimentos y Normas Alimentarias Estudio FAO Alimentación y Nutrición*, 87. Roma: Autor. Recuperado de http://www.fao.org/3/a-a0822s.pdf

Organización de las Naciones Unidas para la Agricultura y la Alimentación (FAO). (2008). EMPRES - Boletin de enfermedades transfronterizas de los animales. Roma: Autor. Recuperado de http://www.fao.org/docrep/010/i0059s/i0059s00.htm

Organización de las Naciones Unidas para la Agricultura y la Alimentación (FAO). (2010). *Experiencias en prácticas de manejo de aguas servidas para la producción agrícola a pequeña escala*. Santiago de Chile: Autor.

Organización de las Naciones Unidas para la Agricultura y la Alimentación (FAO). (2011). *Guía FAO/OMS para la aplicación de principios y procedimientos de análisis de riesgos en situaciones de emergencia relativas a la inocuidad de los alimentos.* Roma: Recuperado de http://www.fao.org/3/a-ba0092s.pdf

Organización Mundial de la Salud (OMS). (1989). *Directrices sanitarias sobre el uso de aguas residuales en agricultura y acuicultura.* Ginebra, Suiza: Autor. Recuperado de https://apps.who.int/iris/bitstream/handle/10665/39333/WHO_TRS_778_spa.pdf?sequence=1&isAllowed=y

Özerol, G. & Günther, D. (2005). The role of socio-economic indicators for the assessment of wastewater reuse in the Mediterranean region. *Non-conventional water use: WASAMED project Bari: CIHEAM-IAMB*, 169-178.

Pérez, F. & Camacho, K. (2011). *Tecnologías para el tratamiento de aguas servidas.* Xalapa, México: Universidad Veracruzana.

Pescod, N.B. (1992). *Wastewater treatment and use in agriculture, FAO irrigation and drainage paper 47.* Roma: Organización de las Naciones Unidas para la Agricultura y la Alimentación. Recuperado de http://www.fao.org/docrep/t0551e/t0551e00.htm

Pettygrove, G.S. & Asano, T. (1985). *Irrigation with Reclaimed Municipal Wastewater: A Guidance Manual.* Chelsea, Michigan: Lewis Publishers.

Programa de las Naciones Unidas para el Medio Ambiente (PNUMA). (2004). Lineamientos sobre el manejo de aguas residuales municipales. La Haya, Países Bajos: Autor.

Proyecto NODO. (2014). *Modelo integral de sostenibilidad de plantas de tratamiento de aguas residuales con reúso de aguas tratadas.* La Paz, Bolivia: NODO de Conocimiento en Saneamiento Sostenible Descentralizado, Embajada de Suecia y Fundación Aguatuya.

Salinas, A., Rodríguez, R. & Morales, D. (2010). *Manual de especificaciones técnicas básicas para la elaboración de estructuras de captación de agua de lluvia (SCALL) en el sector agropecuario de Costa Rica y recomendaciones para su utilización*. San José: Universidad Nacional de Costa Rica, CEMEDE. Recuperado de http://www.mag.go.cr/biblioteca_virtual/bibliotecavirtual/a00273.pdf

Secretaría de Comercio y Fomento Industrial (SCFI). (1980). *NMX-AA-003-1980 Aguas Residuales. Muestreo*. Recuperado de https://www.gob.mx/cms/uploads/attachment/file/166762/NMX-AA-003-1980.pdf

Secretaría del Medio Ambiente y Recursos Naturales (Semarnat). (2009a). Norma Oficial Mexicana NOM-014-Conagua-2003. Recuperado de http://www.conagua.gob.mx/conagua07/contenido/documentos/NOM-014-CONAGUA-2003.pdf

Secretaría del Medio Ambiente y Recursos Naturales (Semarnat). (2009b). Norma Oficial Mexicana NOM-015-Conagua-2007. Recuperado de http://www.conagua.gob.mx/CONAGUA07/Contenido/Documentos/NOM-015-CONAGUA2007.pdf

Secretaría del Medio Ambiente y Recursos Naturales (Semarnat). (2022). Norma Oficial Mexicana NOM-001-Semarnat-2021. Recuperado de https://www.dof.gob.mx/nota_detalle.php?codigo=5645374&fecha=11/03/2022

U.S. Food & Drug Administration (USFDA). (1998). *Guía para reducir al mínimo el riesgo microbiano en los alimentos, para frutas y hortalizas frescas*. Maryland: Autor. Recuperado de https://www.fda.gov/Food/GuidanceRegulation/GuidanceDocumentsRegulatoryInformation/ProducePlantProducts/ucm188933.htm

Van der Hoek, W. (2001). *Uso de aguas residuales no tratadas en la agricultura: estrategias para el manejo de los riesgos para la salud*. [Paper presentado en la Conferencia electrónica del RUAF-IWMI].

Winpenny, J., Heinz, I. & Koo-Oshima, S. (2013). *Reutilización del agua en la agricultura: ¿Beneficios para todos?* Roma: Organización de las Naciones Unidas para la Alimentación y la Agricultura (FAO). Recuperado de http://www.fao.org/3/a-i1629s.pdf

ÍNDICE

Reúso de aguas revitalizadas en la agricultura se terminó de imprimir en noviembre de 2022 en Impresora del Noroeste, calle Novena 718-1, col. Bustamante, Ensenada, Baja California, C.P. 22840. tels. 646-176-3508 y 646-177-2750, impnor@gmail.com. La edición estuvo al cuidado del Departamento de Editorial Universitaria de la Universidad Autónoma de Baja California. El tiraje consta de 300 ejemplares.

Made in the USA
Monee, IL
10 September 2026

62771016R00100

inicia DUAL

TECHNOLOGY, PROGRAMMING AND ROBOTICS

1

SECONDARY

Graphic expression in technology

Oxford EDUCACIÓN

Contents

Oxford Projects

A digital task which allows you to investigate like a real scientist through the use of new technology. It includes activities, digital simulations, videos... all of which will help you understand the contents better.

The digital activity relates to the final task which you have to do at the end of each unit.

OXFORD
UNIVERSITY PRESS

Oxford University Press is a department of the University of Oxford. It furthers the University's objective of excellence in research, scholarship, and education by publishing worldwide. Oxford is a registered trade mark of Oxford University Press in the UK and in certain other countries.

Published in Spain by
Oxford University Press España S. A.
Parque Empresarial San Fernando, Edificio Atenas
28830 San Fernando de Henares, Madrid, Spain

ISBN: 978-84-673-7641-8
D.L.: M-25882-2015
Printed in Spain

AUTHOR OF THE ADAPTED TEXT
Eoin Higgins

AUTHORS
Jesús Moreno Márquez
M.ª Victoria Salazar Nicolás
Araceli Isabel Sánchez Sánchez
Francisco Javier Sepúlveda Irala

DESIGN
Interior: Dolors Albareda

ILLUSTRATION
Luis Bogajo Peñarroya, Guillermo Díez Celaya

PHOTOGRAPHS
AGE Fotostock, Pedro Carrión, Getty Images, LibreCAD (Software Libre distribuido bajo licencia GNU/GPL (© 2015 Free Software Foundation, Inc.), Photoaisa, Ribbonsoft-QCad (© Andrew Mustun), Araceli Isabel Sánchez Sánchez, Shutterstock (p. 4: Brian A Jackson; p. 13: Vvoe; p. 25: África Studio), and the Oxford Archive

P. 18: beech stool www.factoriacentral.com

This is your book

PRESENTATION

In order to give you an overview of the unit, the presentation includes a full-page image and some stimulating questions to elicit knowledge which will help you relate the unit content to aspects of your daily life as well as showing you how to apply it to real life.

We recommend that you answer the questions as you advance within the unit.

The link by the picture will take you to a short introductory video.

FINAL TASK

There is also a final task which we will prepare you for as you go along the unit. It can be carried out individually or in groups.

It is identified with a task icon which marks the activities and sections related to it throughout the unit.

The same task is also available in digital format in **Oxford Projects.**

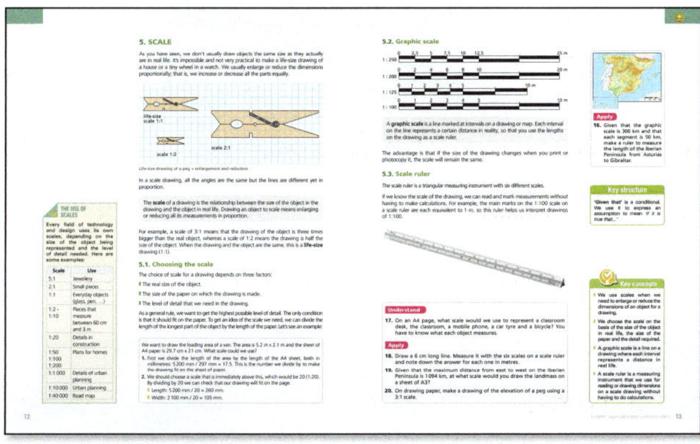

CONTENT DEVELOPMENT

On these pages the main contents you are going to study are explained. The activities are categorised according to Bloom's taxonomy, aimed at encouraging critical thinking skills.

In the margin of some pages you will find a brief summary of the content *(Key concepts)*.

PROJECT FILES

These pages show you how to create the technical files of a project and what they are needed for. Remember to include them in the technical report of all your projects.

PROCEDURES

These pages let you discover interesting methods and techniques to work with the materials and tools you can find in your surroundings, applying the contents learnt in the unit.

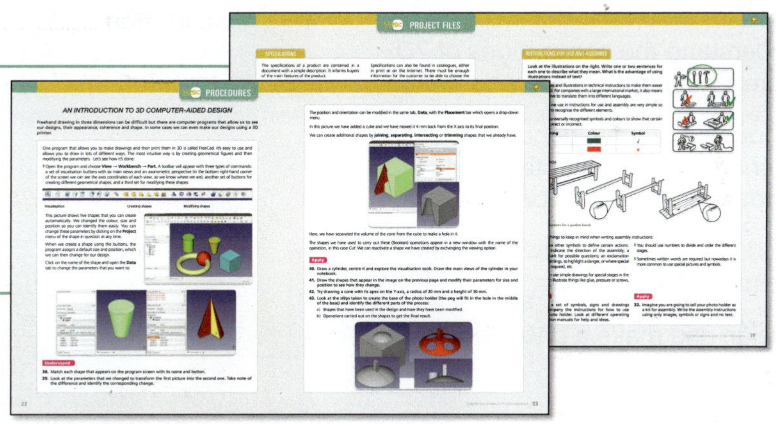

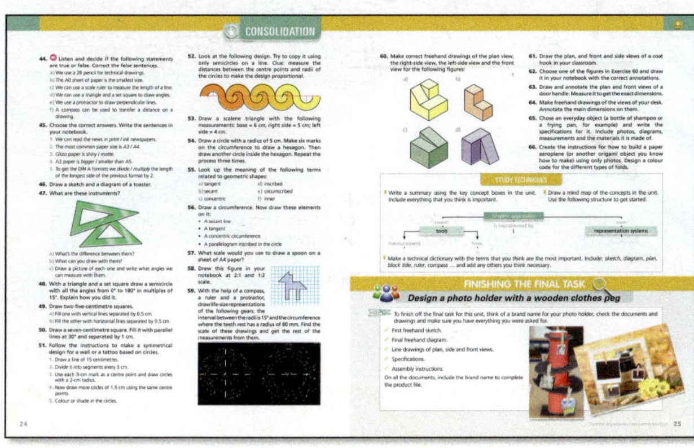

CONSOLIDATION

This double page of activities serves you to revise what you have learnt and extend some aspects seen. In the highlighted section *Study skills* you are encouraged to elaborate a summary, conceptual map and technical glossary.

FINISHING THE FINAL TASK

We provide you with guidance on how to carry out the task and present your results.

You have a DUAL book: a printed book and its electronic version, which includes resources for you to use together with the unit. In order to access the electronic version, use the code in the book and follow the instructions. You will be able to work either online or offline.

Digital icon: this icon reminds you that, in the electronic version of you DUAL book you will find: *Oxford projects*, animations, videos, relevant web links and the interactive version of the course book activities.

GRAPHIC EXPRESSION AND COMMUNICATION

YOU WILL LEARN TO...

- Understand and create technical documents for your projects: sketches, drawings and plans.
- Understand and use scales.
- Annotate drawings correctly.
- Represent objects according to standard ways of depicting them.
- Understand the conventions of 2D representation.
- Produce a graphic document to chart the different stages of product design up to point of sale.
- Produce technical drawings with the help of software.
- Design and make a photo holder.

- *What materials were used to make the drawing of the bulb?*
- *What is the difference between technical drawing and art?*

FINAL TASK

Design a photo holder with a wooden clothes peg

In this unit you are going to design and build a photo holder, starting with a wooden clothes peg. Take a close look at this simple object and think about different possibilities.

There are two examples on this page. Look for more ideas on the Internet or in home-decorating magazines.

Think about what you would like your design to be like.

- Decide if you would like it to hang on the wall, to sit on a table or to hang from the ceiling.
- Think about the materials you have available (cans, wood, wire, cardboard...) and how they might satisfy the needs of your design.
- Choose some paper and stickers to decorate it.
- Finally, combine these elements to design your own photo holder.

What do you have to do?

1. Find some simple photo holders and investigate how they work.
2. Think about the design of your own photo holder.
3. Make some sketches, drawings and plans.
4. Use drawing tools correctly.
5. Use appropriate measurements and scales in the drawings.
6. Build your photo holder.

Specifications

- The photo holder should hold at least one photo.
- The main material should be a wooden clothes peg but other materials can be used.
- Your sketches, drawings and plans must be accurate representations of your design.
- Your plans and instructions must be clear enough for anyone to follow.

Before you begin... Answer

Look at the photos on this page, analyse the designs, and answer:

1. What is used as a base in each one?
2. What is holding the photos?
3. What materials are used to make each photo holder?
4. How are they decorated? What other kinds of decorations could you use?
5. How do you think the different parts are joined?

1. TECHNICAL DOCUMENTS FOR A PROJECT

In engineering and architecture, a technical project is made up of plans, diagrams and texts that define the production and assembly of the object.

1.1. Introduction to technical drawing

All the documents and drawings for a technical project should have certain features and elements to ensure they can be read and understood clearly.

- There is always a large **margin** between the drawing and the edge of the paper. It looks better and no information will be lost when printing or photocopying.
- In order to identify each drawing and to be able to see what information is in the drawing, we include a **title block** with the following information: title, project, date, designer, version and scale.

Margin: It varies but is usually at least 8 mm from the edge of the sheet.

Title block:
This is a table with information about the drawing. It is located at the bottom of the sheet of paper (or on the right-hand side of larger sheets), so that it can be read when the sheet is folded up.

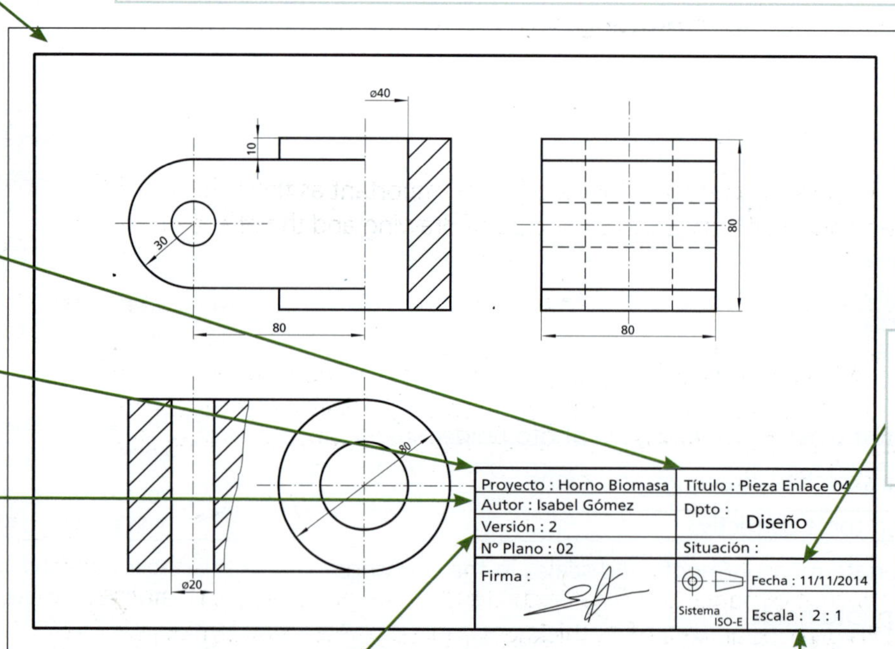

Title: This indicates what exactly is represented within the project.

Project: The name of the project.

Draftsperson[1]: The name of the person who is responsible for the drawing and for the information in it.

Date: This indicates when the drawing was finished.

Version: Sometimes drawings are revised during the design process; in this case, we indicate the version and the drawing that was changed.

Scale: The size relative to what is drawn. This information is very important. The scale can be numerical or graphic, as we shall see later on.

[1]**draftsperson**: the person who does a technical drawing

Key concepts

Certain elements are important for making drawings in a project clear and easy to read:

- Margins.
- The title block with the following information: title, project, date, draftsperson, version, scale.

Understand

1. Look at the title block and say what other information is included in addition to the information given above. Say why this information is necessary.

Apply

2. Make a template or model technical drawing with the help of a computer program (word processor) with all the elements shown on this page. Use it for your technical drawings from now on.

2. DRAWING MATERIALS: PENCILS AND PAPER

2.1. Pencils

Pencils are made of wood with lead in the centre. The lead is made of graphite and clay, which are baked and mixed with oil. It sticks to the paper when we push it against it.

The hardness of the lead depends on the amount of graphite. The most common types are:

6H-5H-4H-3H-2H-H - HB - B1-2B-3B-4B-5B-6B

- **Soft pencils** have the letter B. They are good for artistic drawing because they are softer and the lines are thicker. The softest is 6B.
- **Hard pencils** have the letter H. They make a thinner, cleaner and more exact line and we use them for technical drawing. The hardest is 6H.
- A **HB pencil** is in the middle of the hardness scale and is appropriate for general use.

For technical drawing, we also use **markers** of different width, colour and ink type (for different surfaces) and **drafting pens** (Rotrings) with different **nibs**[2] for drawing with ink.

Understand

3. Put these pencils in order of hardness, starting with the softest: H, 3B, 5H, HB, 6B, 3H. Then, choose three different pencils and draw a 6 cm line with each one. Which one looks better? Which one will you use for your drawings?

[2] **nib**: the pointed part of a pen, where the ink comes out when you write

2.2. Drawing surfaces: paper

There are a lot of types of paper and they are just as important as the right pencil. We choose one or another according to the type of drawing and the effect we are looking for.

Paper size

We usually use A4 format, which is part of the most common paper format, the Europe-wide DIN (Deutsches Institut für Normung - German Institute for Standardisation) series. The A formats are always half the length of the long side of the previous format.

Paper weight

We express the weight of paper (g/m^2) by calculating the weight of a square metre of that paper. This gives us an idea of its thickness and resistance. For example, silk paper is 20 g/m^2 and card is 120 g/m^2. The paper in a notebook is between 60 and 80 g/m^2.

Finish

This is the appearance and feel of the paper. The paper we are going to use is white, smooth, **matte**[3] and DIN A4.

[3] **matte**: (of a surface) not shiny

Shine	**Matte**	No shine
	Gloss	Shiny
Texture	**Smooth**	No texture
	Textured	Grainy, lined or rough
Colour	**White**	The most common
	Coloured	Dyed or printed
	Transparent	Film

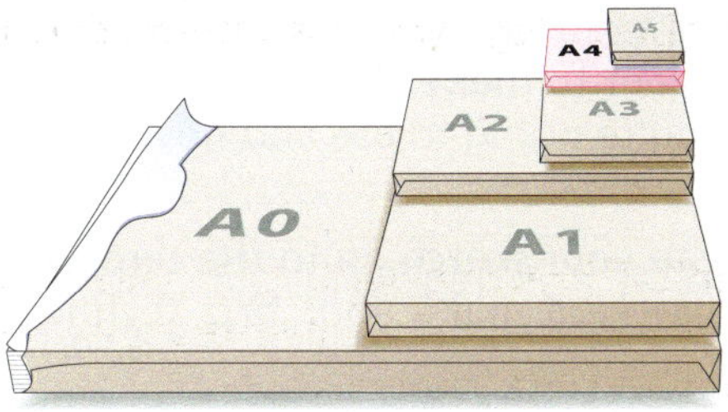

Apply

4. If a sheet of A4 is 210 mm x 297 mm, calculate the size of all the paper formats in the A series.

3. SKETCHES, DIAGRAMS AND PLANS

3.1. Sketches

A **sketch** is a **freehand**[4] drawing of the mental image we have of an object. It gives us a basic idea of what the object or the answer to a technical problem looks like.

[4] **freehand**: drawn by hand without using rulers or other measurement tools

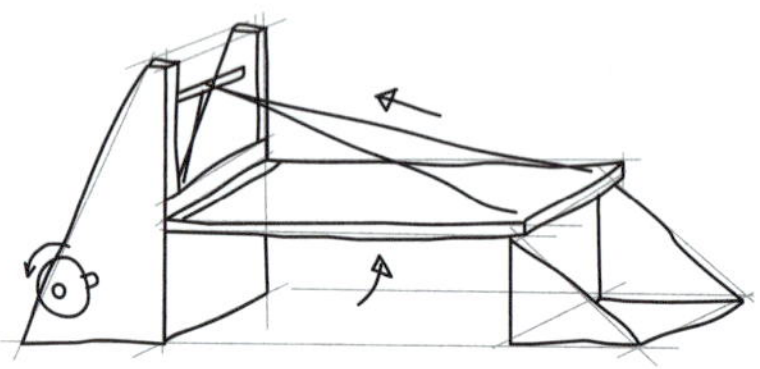

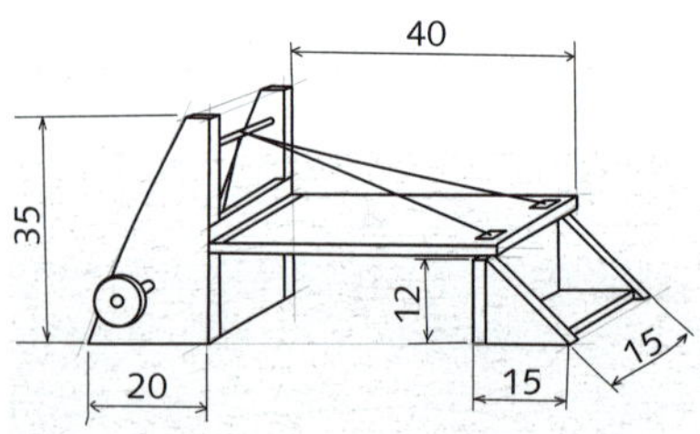

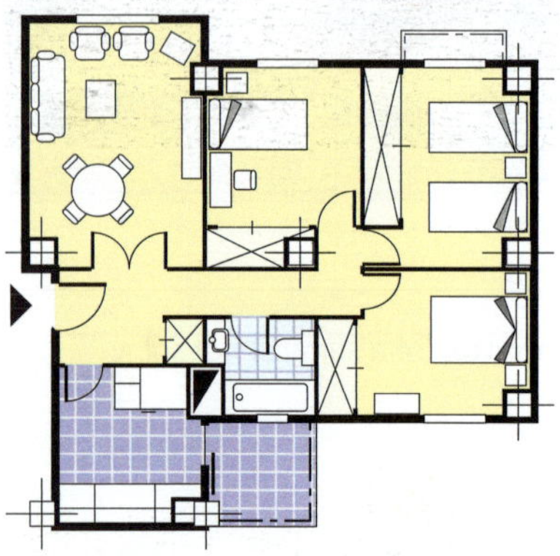

Sometimes a simple outline is enough to communicate a basic idea.

Depending on the type of drawing you do, you can show different views of the object: 'front view', 'top view' or, 'in perspective' (in three dimensions) to give a more complete idea of it.

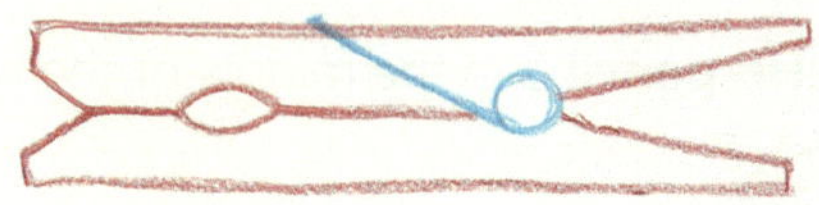

Analyse

5. Look at the sketch of the peg. Which parts have we drawn? Why have we used two colours? Could you do a better sketch?

How to do a sketch

Before we do a sketch, we need to know exactly what we want to present. To do this, we have to know the features and details of the object.

Sketches don't have to be totally accurate. We can include graphic elements (like arrows, different colours and text) to show the types of material we're going to use, the assembly or joints, or even an especially complicated part.

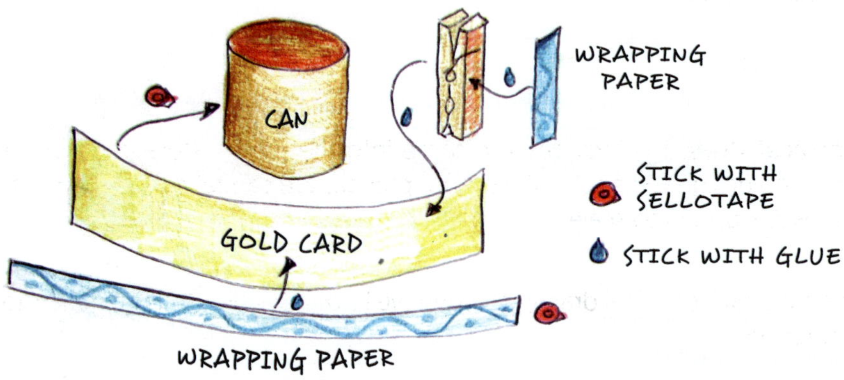

Sketch of parts of a photo holder

Apply

6. Think about the photo holder you want to make. Do an initial sketch of it. Show the different materials you're going to use and how you're going to put them together.
7. When you've finished, copy and paste your sketch on to the template you've made. Complete the *title block* to make your first technical drawing of the project.

3.2. Diagrams

A **diagram** is a more detailed representation of the idea in a sketch. It can still be a freehand drawing, but it is more accurate and it gives us the measurements of the object.

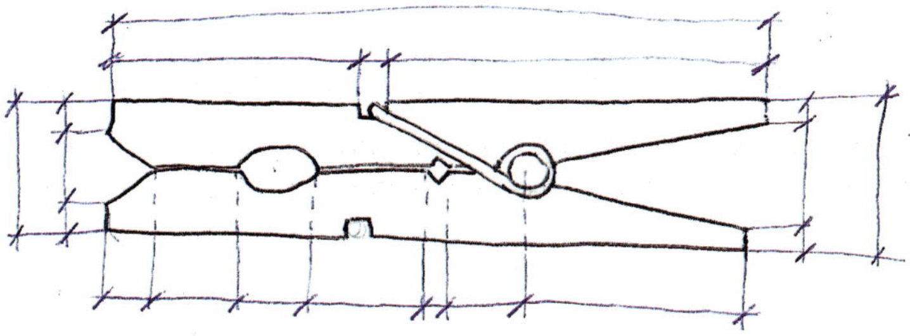

Diagram of a peg with dimension lines

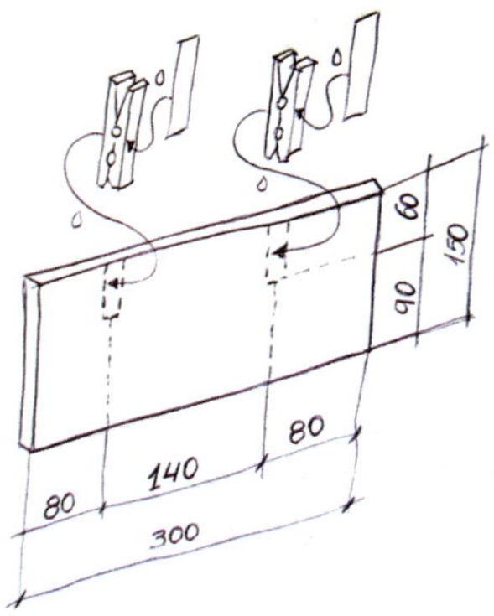

Diagram of a photo holder

Analyse

8. What is missing from the diagram of the peg?

A diagram shows the dimensions of an object and an approximate scale. This gives an idea of the measurements but we can't take measurements from it. It should have the following information:

- General measurements of the object and each piece (if the object is complicated or has hidden pieces, you need to give a breakdown, showing each piece separately).
- The materials it's made of, and the purpose of each one.
- The way pieces are joined.
- The way the object is put together and the way the whole thing works.
- An approximate scale.

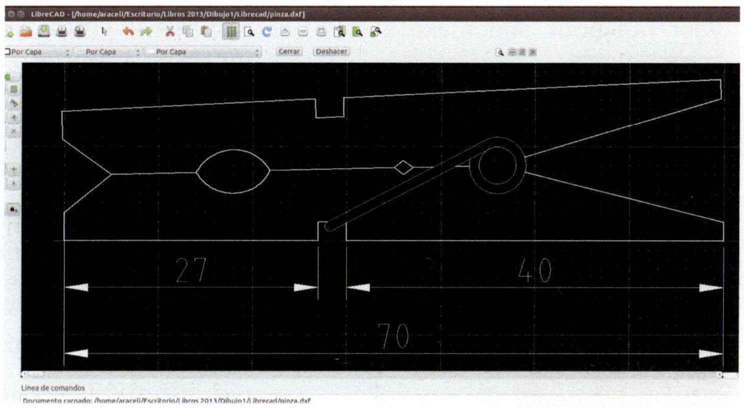

Nowadays, most technical drawings are done by computer

3.3. Technical drawings

A **technical drawing** includes the same information as a diagram, but is drawn using design tools so that it's more precise. We can take measurements from it as it is drawn to scale.

We can only make technical drawings when we know exactly what the dimensions and features are.

Understand

9. Draw a diagram of a peg you have at home. Use the diagram on this page as a model. Annotate the diagram with the measurements in millimetres and the materials it's made of.

Apply

10. Make an annotated diagram of your photo holder and make a note of the features and measurements.

Key concepts

In the design and definition of a project, we use three types of drawings: sketches, diagrams and technical drawings:

- Sketch: freehand drawing of the basic idea of the object.
- Diagram: a more detailed representation of the object, with its dimensions and measurements.
- Technical drawing: detailed drawing using measuring and design tools.

[5]gauge: an instrument that measures and gives a visual display of the amount, level, or contents of something

MEASUREMENT OF SQUARED PAPER

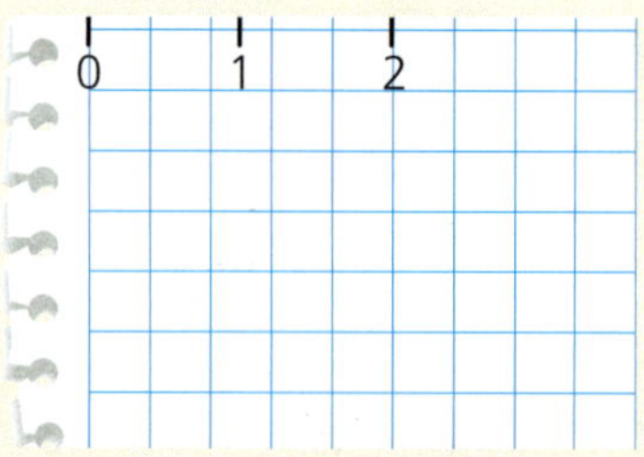

We can also use squared paper to measure things. Square sides are usually 4 mm so five squares are 2 cm long and 1 cm is two and half squares. Check the measurements in your notebook and make a scale like this.

Understand

11. Draw a triangle in which the angle on the right is 68° and the one on the left 40°. What does the third angle measure?

12. Measure the segments and angles in the picture. Express the measurements of the lines first in millimetres and then in centimetres.

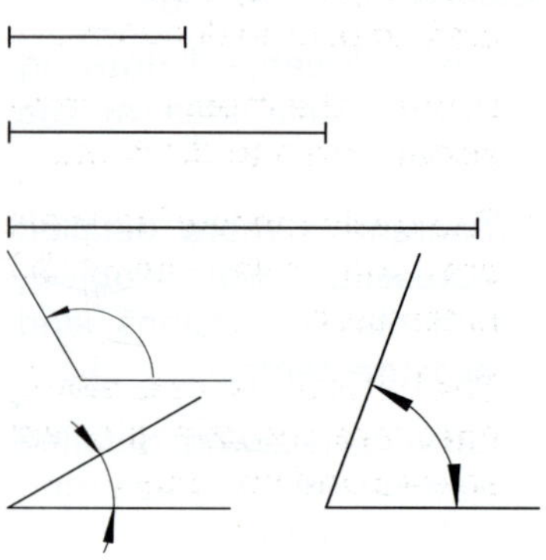

4. DRAWING MATERIALS: MEASURING AND DRAWING LINES

4.1. Basic measuring tools

In the technical drawings and plans for our project we use different measuring tools: a ruler, measuring tape or a **gauge**[5] or micrometre for special measurements.

Ruler

How to use:

1. Place the ruler so that the 0 on the ruler is at the beginning of the segment we want to measure.

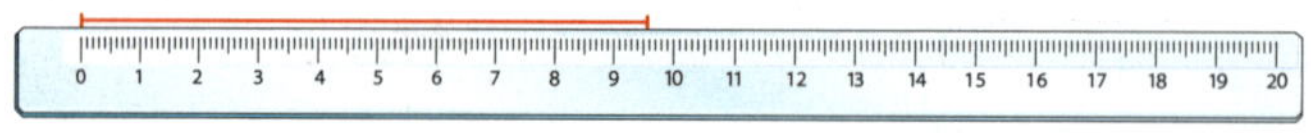

2. The measurement is up to the line on the ruler at the end of the segment. It can be expressed in centimetres with a decimal point for the millimetres, or in total millimetres without a decimal point.

Protractor or goniometer

To measure angles we use a protractor, a semicircle of plastic with lines to indicate angles.

How to use:

1. Put the centre of the protractor on the vertex or point of the angle.
2. Place the horizontal line on the protractor so that it follows one of the lines of the angle and read the angle of the other line. If the lines are too short, make them longer so that you can read the angle correctly.

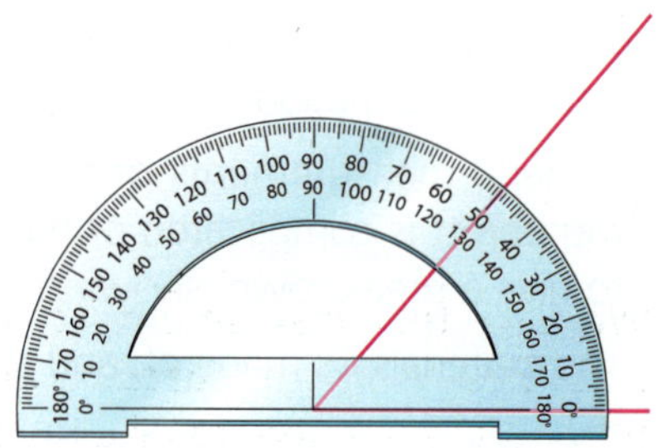

4.2. Drawing lines: triangle, set square and compass

Triangle

This is a right-angle isosceles triangle with one angle of 90° and two of 45°. We use it with the set square to draw parallel and perpendicular lines and to make angles.

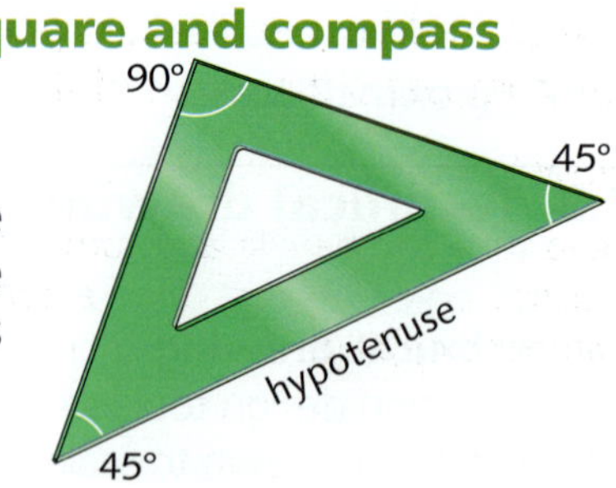

Set square

This is a right-angle scalene triangle where the three sides are not the same length – the hypotenuse is twice the length of the shortest side. The angles measure 90°, 60° and 30°.

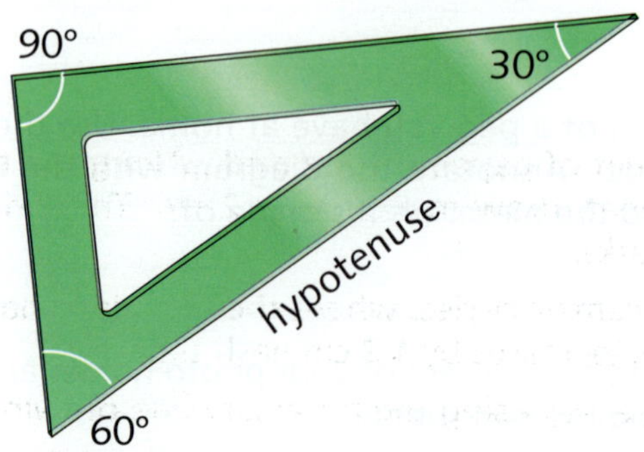

How to use:

Parallel lines	Perpendicular lines
1. Place the triangle so that one side of it slides along a side of the set square. This serves as a guide. **2.** Hold the set square down firmly and move the triangle. **3.** You can use the longest side of the triangle to draw the parallel lines and slide it along the longest side of the set square.	**1.** Start the same way as you did when you drew the parallel lines. **2.** When the triangle and set square are in position, turn the triangle 90° so that one side of the triangle rests on the longest side of the set square, at 90° to the original line. **3.** Draw the line perpendicular to the original line.
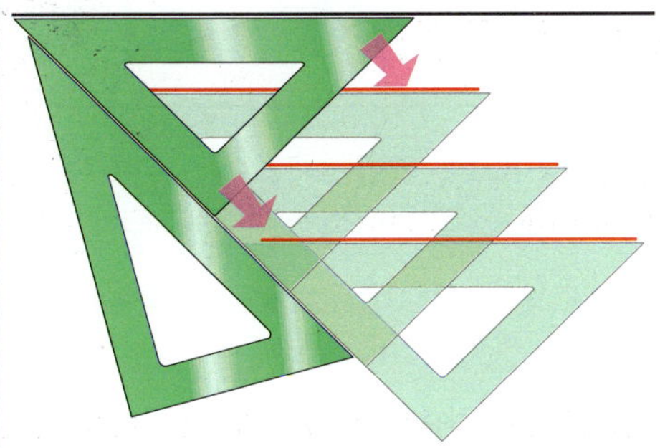	

Compass

We use this instrument to draw circumferences or **arcs**[6] and to transport segments – to take the same distance from one place to another.

The space between the two points of the compass is the radius of the circle.

How to use:

Hold it by the handle and turn it slowly. Practise until you can draw a full circle without stopping.

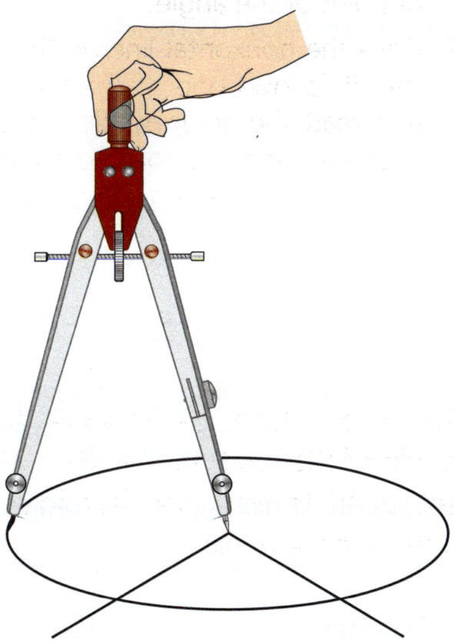

[6] **arc**: part of a circumference

[7] **grid**: a framework of parallel and perpendicular lines

Apply

13. On a blank sheet of paper, draw a **grid**[7]. Along the top and down the side of the sheet, draw marks every 2 cm. Then, draw parallel lines joining the marks.

14. Draw five concentric circles, where the first circle has a radius of 3 cm and the radius increases by 1.2 cm each time.

15. Draw a full-size peg using the necessary line-drawing instruments.

Key concepts

- We use pencils, markers and drafting pens to draw lines.
- Paper is the most common surface area to draw on.
- The basic measuring tools are the ruler and the protractor.
- The basic tools for drawing lines are the triangle, set square and compass.

5. SCALE

As you have seen, we don't usually draw objects the same size as they actually are in real life. It's impossible and not very practical to make a life-size drawing of a house or a tiny wheel in a watch. We usually enlarge or reduce the dimensions proportionally; that is, we increase or decrease all the parts equally.

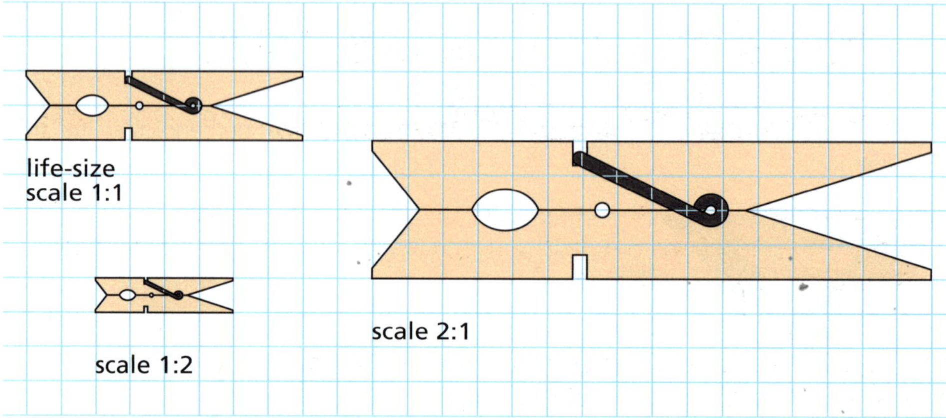

Life-size drawing of a peg + enlargement and reduction

In a scale drawing, all the angles are the same but the lines are different yet in proportion.

The **scale** of a drawing is the relationship between the size of the object in the drawing and the object in real life. Drawing an object to scale means enlarging or reducing all its measurements in proportion.

For example, a scale of 3:1 means that the drawing of the object is three times bigger than the real object, whereas a scale of 1:2 means the drawing is half the size of the object. When the drawing and the object are the same, this is a **life-size** drawing (1:1).

5.1. Choosing the scale

The choice of scale for a drawing depends on three factors:

- The real size of the object.
- The size of the paper on which the drawing is made.
- The level of detail that we need in the drawing.

As a general rule, we want to get the highest possible level of detail. The only condition is that it should fit on the paper. To get an idea of the scale we need, we can divide the length of the longest part of the object by the length of the paper. Let's see an example:

We want to draw the loading area of a van. The area is 5.2 m x 2.1 m and the sheet of A4 paper is 29.7 cm x 21 cm. What scale could we use?

1. First we divide the length of the area by the length of the A4 sheet, both in millimetres: 5200 mm / 297 mm = 17.5. This is the number we divide by to make the drawing fit on the sheet of paper.
2. We should choose a scale that is immediately above this, which would be 20 (1:20). By dividing by 20 we can check that our drawing will fit on the page.
   - Length: 5200 mm / 20 = 260 mm.
   - Width: 2100 mm / 20 = 105 mm.

THE USE OF SCALES

Every field of technology and design uses its own scales, depending on the size of the object being represented and the level of detail needed. Here are some examples:

Scale	Use
5:1	Jewellery
2:1	Small pieces
1:1	Everyday objects (glass, pen, ...)
1:2 - 1:10	Pieces that measure between 60 cm and 3 m
1:20	Details in construction
1:50 1:100 1:200	Plans for homes
1:1 000	Details of urban planning
1:10 000	Urban planning
1:40 000	Road map

5.2. Graphic scale

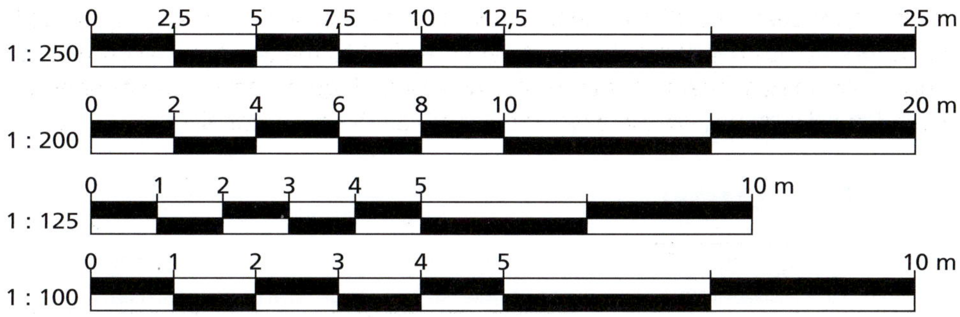

A **graphic scale** is a line marked at intervals on a drawing or map. Each interval on the line represents a certain distance in reality, so that you use the lengths on the drawing as a scale ruler.

The advantage is that if the size of the drawing changes when you print or photocopy it, the scale will remain the same.

5.3. Scale ruler

The scale ruler is a triangular measuring instrument with six different scales.

If we know the scale of the drawing, we can read and mark measurements without having to make calculations. For example, the main marks on the 1:100 scale on a scale ruler are each equivalent to 1 m, so this ruler helps us interpret drawings of 1:100.

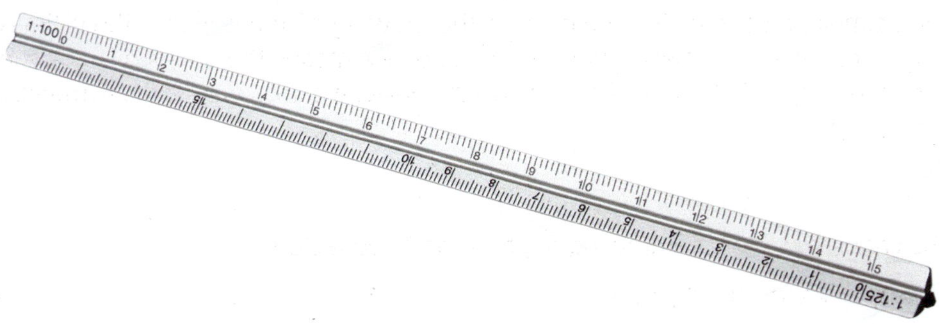

Understand

17. On an A4 page, what scale would we use to represent a classroom desk, the classroom, a mobile phone, a car tyre and a bicycle? You have to know what each object measures.

Apply

18. Draw a 6 cm long line. Measure it with the six scales on a scale ruler and note down the answer for each one in metres.

19. Given that the maximum distance from east to west on the Iberian Peninsula is 1 094 km, at what scale would you draw the landmass on a sheet of A3?

20. On drawing paper, make a drawing of the elevation of a peg using a 3:1 scale.

Apply

16. Given that the graphic scale is 300 km and that each segment is 50 km, make a ruler to measure the length of the Iberian Peninsula from Asturias to Gibraltar.

Key structure

'Given that' is a conditional. We use it to express an assumption to mean *'if it is true that...'*

Key concepts

- We use scales when we need to enlarge or reduce the dimensions of an object for a drawing.
- We choose the scale on the basis of the size of the object in real life, the size of the paper and the detail required.
- A graphic scale is a line on a drawing where each interval represents a distance in real life.
- A scale ruler is a measuring instrument that we use for reading or drawing dimensions on a scale drawing without having to do calculations.

Name	Style	Function
Edge	———	Indicates a separation between planes.
Hidden edge	-------	Indicates an edge that cannot be seen.
Cut	▬▬▬	Indicates a cut in the object.
Axis	—·—·—	Represents the axis of a circle.
Section	▨	Shows an area which has been cut away.

Line standardization

6. STANDARDIZATION

Technical standardization is the set of rules that bring together and regulate aspects of technical drawing like the types of lines, symbols, scales and perspectives.

7. ANNOTATION

With a scale drawing we know the dimensions of an object by multiplying or using a scale ruler. However, in order to make it easier to understand diagrams and plans, we usually annotate them.

Annotation means we put the real measurements of an object on the drawing to make it easier to read and understand.

Look how annotations are shown on this diagram:

Symbols. We write these before a number to show a special dimension that is not a straight edge.
Diameter: Ø Radius: *R* Square: ☐

Projection line. This is a line perpendicular to two dimension lines. It shows the **extremities**[8] of a dimension. We draw it 2 mm in from the end of the dimension lines.

Leader line. This shows a note explaining something on a drawing: a number, text, etc.

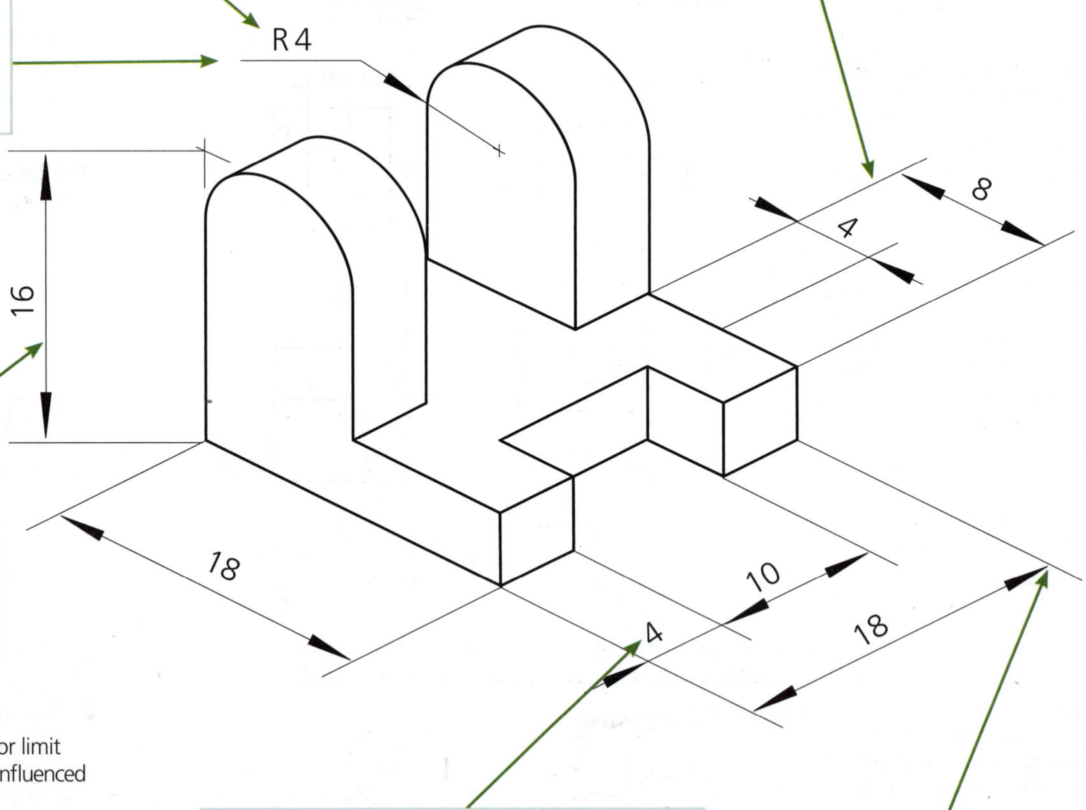

Dimension line. A line parallel to and the same length as the edge of the object. These lines are always placed outside of the object.

Dimension. This number shows the real measurement of the object in millimetres. You must write all measurements in the centre of the line, parallel to a horizontal or vertical line.

Symbols at the end of the dimension lines. These are usually arrow points.

Annotations in a drawing are always the measurements of the real object, **regardless**[9] of the scale or measurement in the drawing.

[8] **extremity**: the furthest point or limit
[9] **regardless (of)**: without being influenced or affected by

Apply

21. Design annotations for your projects: choose a font type, the shape of the arrow, etc.

7.1. Annotation rules

There are rules for annotating drawings which help us make everything totally clear. Here are some examples:

	Correct	Incorrect
Elements of dimensions should be drawn with thinner lines than the edges of the object itself.	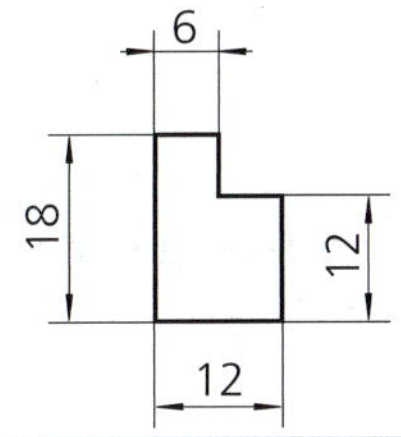	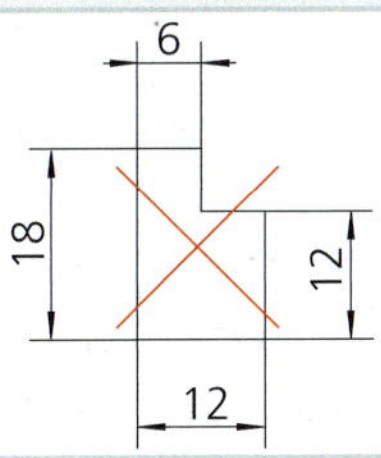
You cannot use the edges of an object to annotate. You don't have to annotate all the edges, just the most important ones. **Dimension** and **projection lines** should never cross each other or other lines.	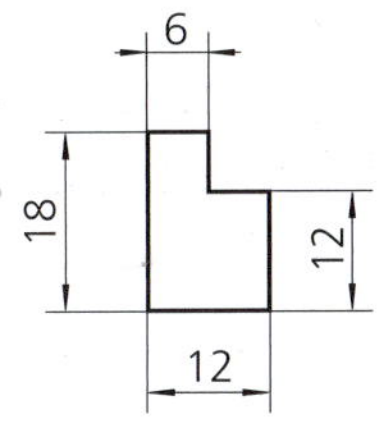	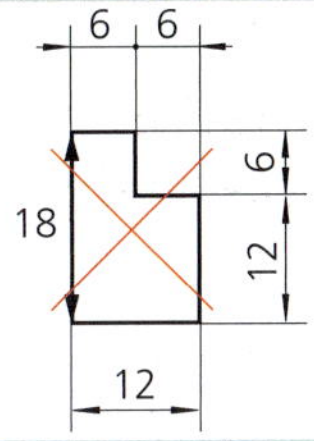
The **numbers** you use to show dimensions should all be of the same style and in the centre of the line. They should be around 8 mm from the edge of the object and 5 mm from other dimension (parallel) lines.	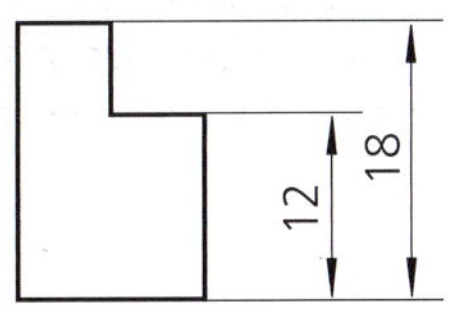	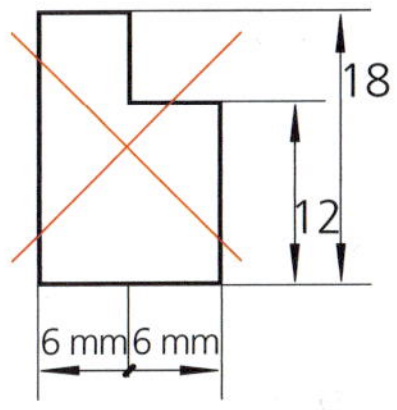
If the **arrows** or **dimensions** don't fit on the dimension line, they should go outside the line. If there is no room to use arrows between several **adjacent**[10] lines, use dots.	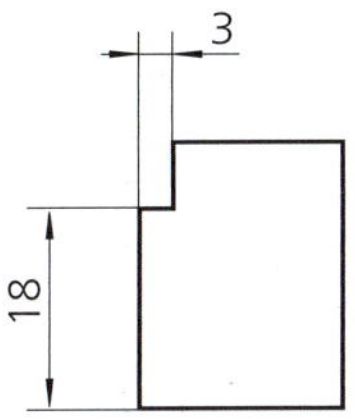	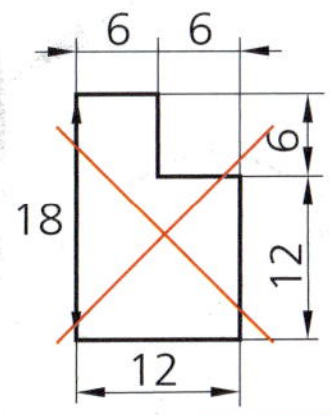
Projection lines extend out from the edge of the object without touching or crossing the edges. When there are elements inside the view, then we annotate inside the piece.	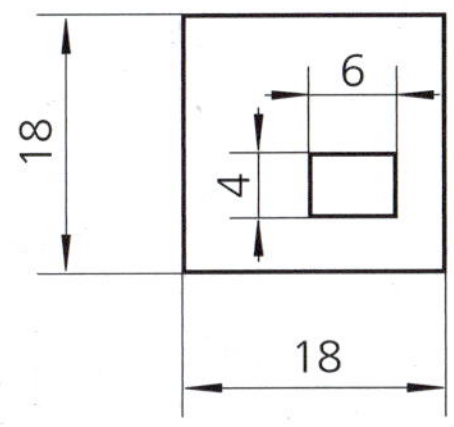	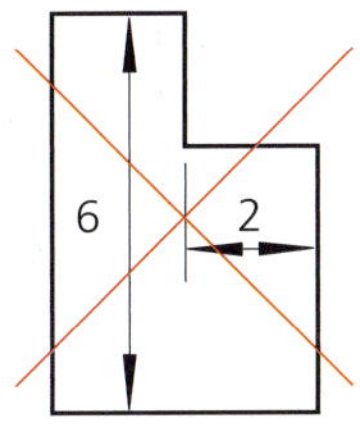
Angles are shown using an arc and the number of degrees.	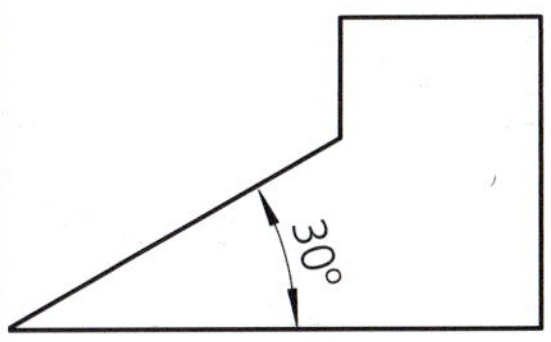	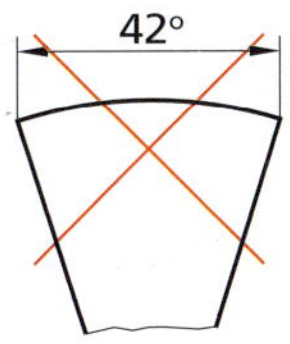
Radii or **diameters** of circles are shown with their measurements and an arrow connecting the centre point to the circumference.	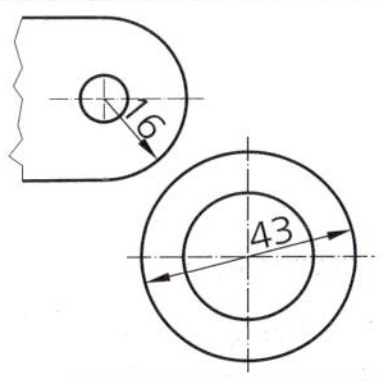	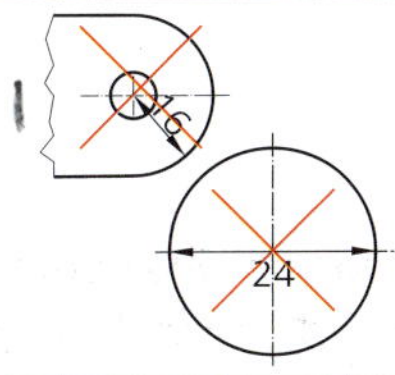

Apply

22. Annotate your drawing of the peg.

REMEMBER

If we want to express measurements in units that are not millimetres, then you must indicate the dimension with its corresponding unit (240 cm, 5 m) and all the dimensions must be given in the same units.

[10]**adjacent**: close to, or very near something.

Key concepts

- Annotations are shown using the real measurements of an object.
- To annotate we must follow certain rules and use specific elements.

Drawings in perspective show the object from different views at the same time

Apply

23. Draw this image in your notebook in order to show a perspective of the object. What advantages and disadvantages can you see in this type of representation compared to the three main views?

8. VIEWPOINTS OF AN OBJECT

We can look at an object from different viewpoints. Our perception of the object is different depending on this viewpoint. There are three that give us the most information:

- **Plan view**: This is the view of the object from above.
- **Front view**: This shows the front of the object – the most common view.
- **Side view**: This is the view of one side of the object and can give us additional information.

To help you visualise (picture) different views of small objects, look at them from different angles up close with one eye closed. Try this with boxes, containers and other simple objects.

8.1. Getting different views of an object

To draw the views of an object, you have to:

1. Decide what the front view, the plan view and the side view is.
2. Look closely at the drawing or the real object and visualise the profiles you would see in each view.
3. Draw the front view first, and from this the plan and side view (using the same measurements).

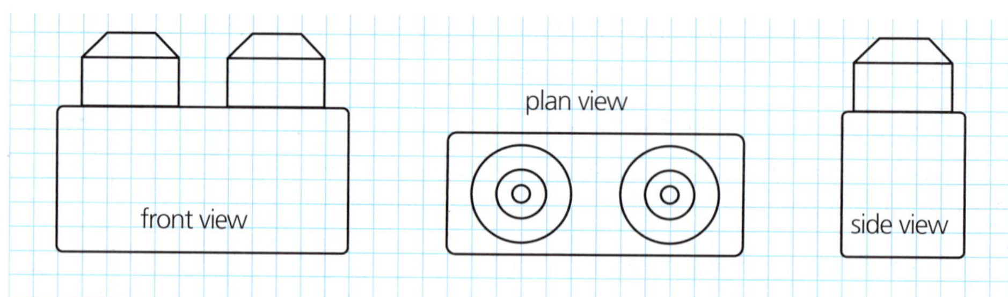

Normally, each side is only shown in one view, unless it's sloping or curved. To show sloping or curved parts, draw stripes with the colour of the corresponding view.

Understand

24. What views would you draw of these objects to give the most information possible: a plate, a shelf, a cabin and a plane?

Apply

25. Make freehand drawings of the three main views of the peg.

Key concepts

The three main views of an object are:

- Plan view
- Front view
- Side view

9. MULTIVIEW ORTHOGRAPHIC PROJECTION

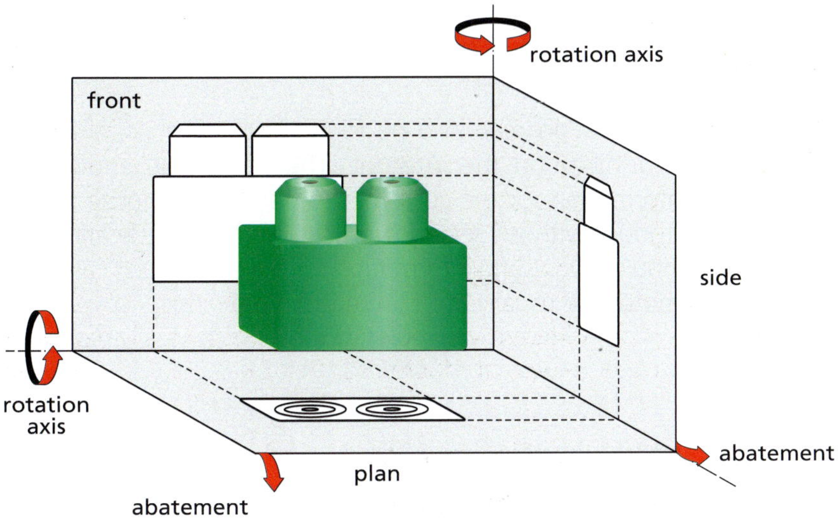

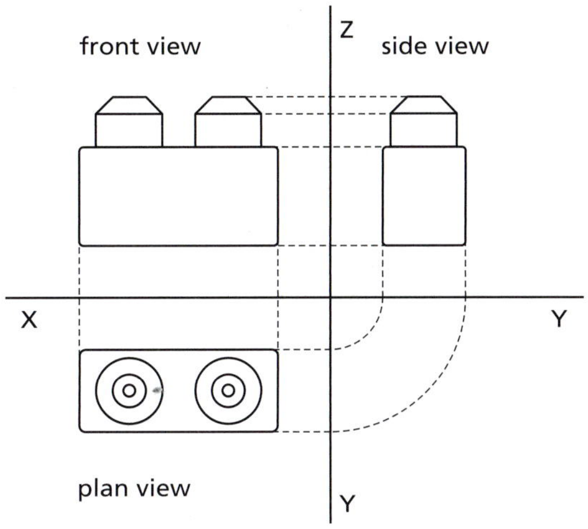

In technical drawing we use a system of representation similar to the views of an object. It's called **orthographic projection**. In this type of projection, all the **projection lines** are perpendicular to the projection plane.

Look closely at the pictures on this page and follow these steps:

1. Place the object where the three planes meet: the horizontal plane (plan), the vertical plane (front) and a side plane, perpendicular to both (side).
2. From these orthographic projections, take the edges of the piece to these planes so we have the same views of it.
3. **Flatten**[11] the three planes to make one plane: turn the side view plane 90° on the Z axis to coincide with the front.
4. Then turn the plan plane to coincide with the other two and you have a single plane of all three views.
5. As a result of all these turns the lines should correspond to each projection plane.

The dihedral system is used in technical drawing because it lets us see the real dimensions and angles of the objects we draw. We use it to define the objects we want to build or make.

Most of the computer-aided design programs that help us to create pieces in three dimensions from its orthogonal projections work with this system.

REMEMBER

When you draw the front, side and plan, remember:

- The layout of the projection planes correspond to the location of the object in space so it cannot change.
- All three projections are the same scale.
- The edges of the piece have projections on each plane and should coincide.
- Sometimes you don't need to draw the side to get a full view. Choose the most **relevant**[12] views or projections.

[11]**flatten**: make something flat
[12]**relevant**: correct for a particular purpose

Apply

26. Draw the three views of the photo holder that you have invented in this unit.

Key concept

- Multiview orthographic projection is a system for representing objects based on perpendicular projections on imaginary planes.

SPECIFICATIONS

The specifications of a product are contained in a document with a simple description. It informs buyers of the main features of the product.

The data included varies according to the product, but the most common are:

- Name, physical description, measurements, terms of use and technical specifications.

Specifications can also be found in catalogues, either in print or on the Internet. There must be enough information for the customer to be able to choose the product without seeing it physically. The specifications should give useful information for buyers. In such cases, photos are usually used rather than drawings.

Specifications for a low flat stool

Analyse

27. Read the specifications for the stool and make a list of the data it provides to define the product.

28. What other data would you provide for a kitchen stool apart from what's here?

29. Imagine what information the technical specifications of an aeroplane and a blender should include. Search the Internet to check if you were right.

Apply

30. Design the specifications for your photo holder as if you were going to sell it on the Internet. Include the following information:

- A description and instructions for use, measurements, a photo, drawings, materials used to make it, etc.

You can write it out, make a collage or use a computer program.

INSTRUCTIONS FOR USE AND ASSEMBLY

Look at the illustrations on the right. Write one or two sentences for each one to describe what they mean. What is the advantage of using illustrations instead of text?

We use images and illustrations in technical instructions to make them easier to understand. For companies with a large international market, it also means they don't have to translate them into different languages.

The pictures we use in instructions for use and assembly are very simple so that it's easy to recognise the different elements.

We also use universally recognised symbols and colours to show that certain actions are correct or incorrect.

Meaning	Colour	Symbol
Correct	(green)	√
Incorrect	(red)	X

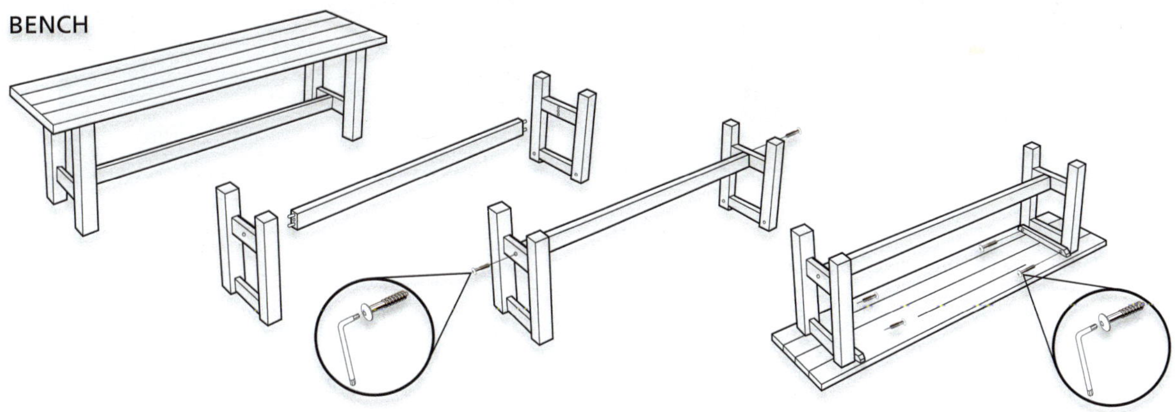

Assembly instructions for a garden bench

Some other things to keep in mind when writing assembly instructions:

- You can use other symbols to define certain actions: arrows to indicate the direction of the assembly; a question mark for possible questions; an exclamation mark for warnings, to highlight a danger, or where special attention is required, etc.
- You can also use simple drawings for special stages in the assembly, to illustrate things like glue, pressure or screws, for example.
- You should use numbers to divide and order the different stages.
- Sometimes written words are required but nowadays it is more common to use special pictures and symbols.

Analyse

31. Design a set of symbols, signs and drawings to accompany the instructions for how to use your photo holder. Look at different operating instruction manuals for help and ideas.

Apply

32. Imagine you are going to sell your photo holder as a kit for assembly. Write the assembly instructions using only images, symbols or signs and no text.

Computer-aided design

Nowadays most technical drawings are made using computer programs. These drawings are completely accurate and one drawing can be used to generate other ones, without having to draw the same structure again. In these programs, points are located by using spatial coordinates, so to define a segment we need to know the starting and end points.

MY PROJECT DRAWING

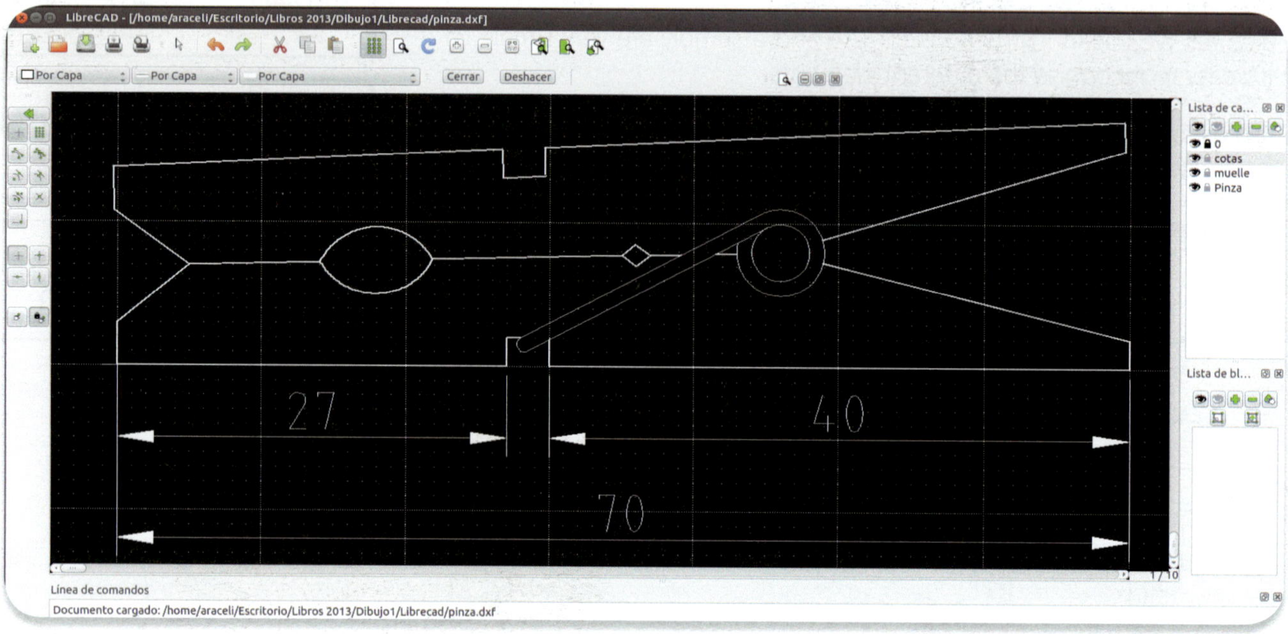

Screen from CAD

We are going to make a drawing of a peg in order to learn the features of CAD programs and the steps involved in drawing plans with them. There are several programs that offer the same features: QCAD, LibreCAD or FreeCAD. The screen is the same on each one: a toolbar (ribbon) at the top of the screen; basic icons on the left; a command bar at the bottom; layers and blocks on the right; and the drawing area in the middle.

Let's start drawing:

1. Define the drawing

Before we begin, we need to know the exact geometry of the object we are going to draw, its measurements and the geometrical relationships between its parts. In order to do this we need a clear and accurate diagram.

2. Create layers

First, we define a series of layers which will hold the various lines we use in the drawing. This will allow us to work on each one independently. Each layer can have a separate colour, line type or line thickness as necessary.

3. Draw entities

An entity in CAD is anything we draw with the program: lines, circles, arcs, polygons, ellipses or polylines.

We define each entity according to our needs. For example, a straight line can be defined between two points, parallel to another line or as a tangent to a circle.

When we start drawing we usually specify a first point, which has coordinates that relate back to the point of origin (0,0). This point of origin is marked in the drawing area by a red cross.

We can also use relative coordinates which we can give with reference to the last point we've specified as we move vertically or horizontally.

Alternatively, we can use points that have already been specified in the drawing: end points, half points, the centre of other entities, etc.

We can even specify points using the grid that the program provides.

4. Modify entities

We can modify the geometrical entity we've drawn: cut it, make it bigger, delete it, flip it over, copy it or use it to make symmetrical drawings. This saves us a lot of work.

Look at the peg and you will see that the top line is a symmetry of the bottom.

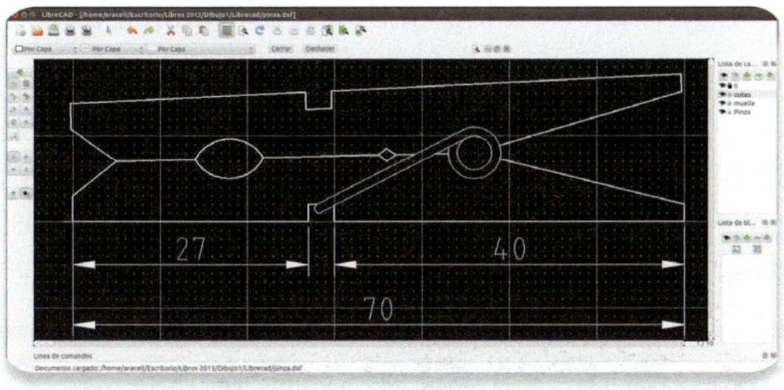

Screen from LibreCAD

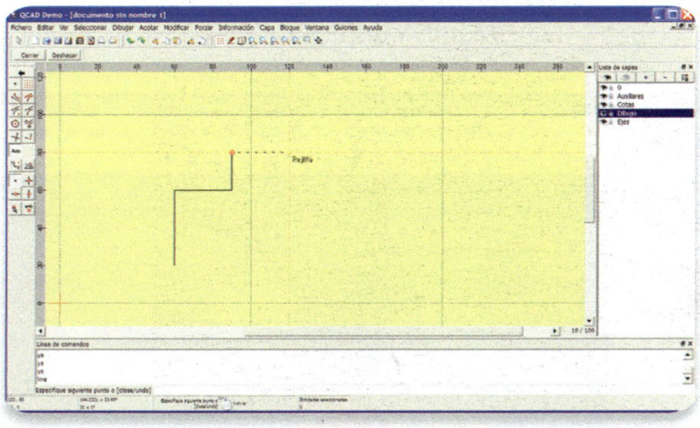

Screen from QCAD

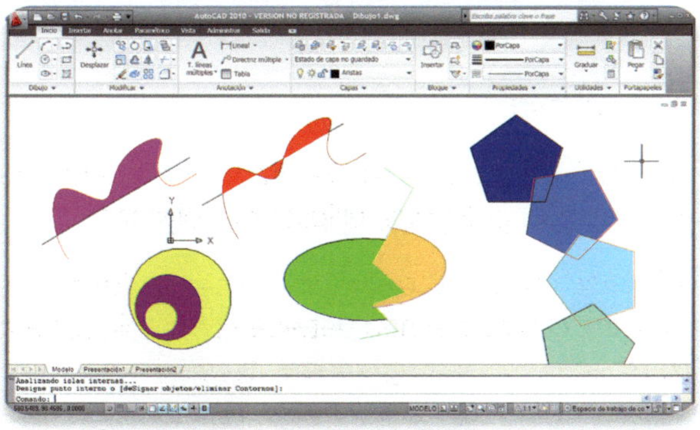

Screen from AutoCAD 2010

5. Annotate

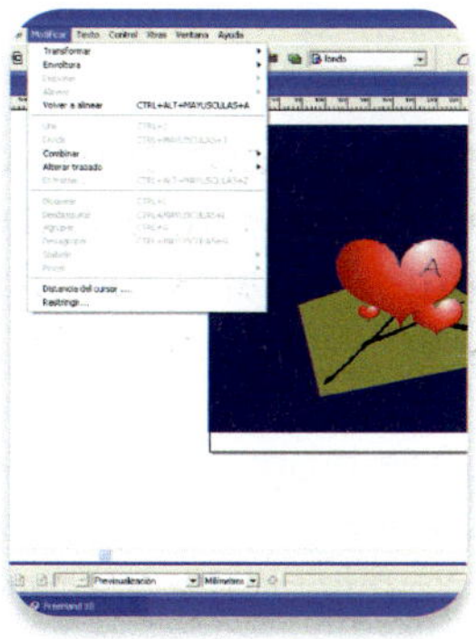

With our finished drawing, start to add annotations with the annotations bars. The most common are vertical, horizontal and parallel lines, radii and diameters. Design the annotations to match the scale of the drawing.

Note: Objects are always drawn life-size. Scales are done when we print it, but the drawing on the screen is always life-size so the dimensions are the same as they are in real life.

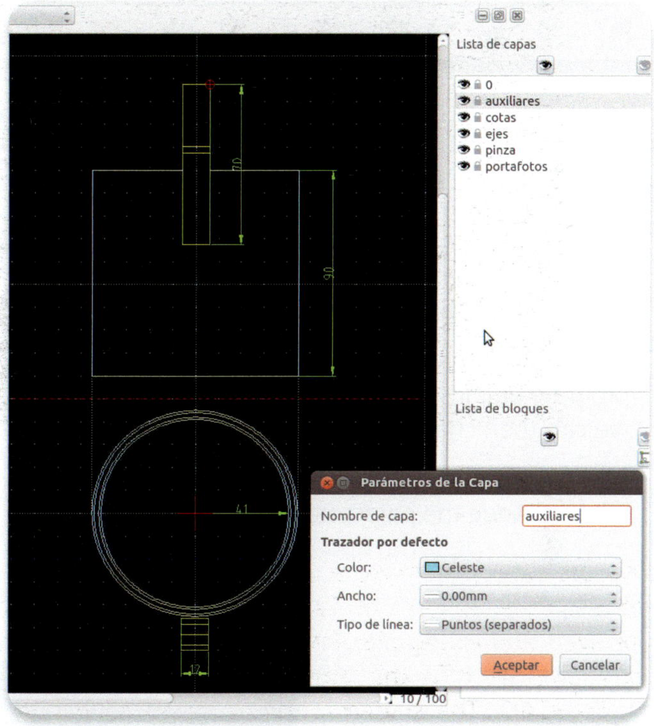

Understand

Look at the pictures and answer these questions.

33. What colours can you see? Why do you think these three colours were used? What is the name of the layer for each colour?

34. Make a list of the entities used in the drawing of the peg.

35. What kinds of entities are they?

36. Which elements in the drawing of the peg show symmetry, intersection or tangency?

Apply

37. Draw the plan and side view of your photo holder with a CAD program. Use our drawing of a photo holder as a reference to define the layers and properties.

AN INTRODUCTION TO 3D COMPUTER-AIDED DESIGN

Freehand drawing in three dimensions can be difficult but there are computer programs that allow us to see our designs, their appearance, coherence and shape. In some cases we can even make our designs using a 3D printer.

One program that allows you to make drawings and then print them in 3D is called FreeCad. It's easy to use and allows you to draw in lots of different ways. The most intuitive way is by creating geometrical figures and then modifying the parameters. Let's see how it's done:

- Open the program and choose **View** → **Workbench** → **Part.** A toolbar will appear with three types of commands: a set of visualisation buttons with six main views and an axonometric perspective (in the bottom right-hand corner of the screen we can see the axes coordinates of each view, so we know where we are); another set of buttons for creating different geometrical shapes; and a third set for modifying these shapes.

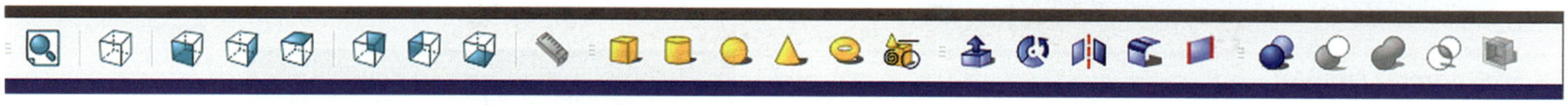

Visualisation | Creating shapes | Modifying shapes

This picture shows five shapes that you can create automatically. We changed the colour, size and position so you can identify them easily. You can change these parameters by clicking on the **Project** menu of the shape in question at any time.

When we create a shape using the buttons, the program assigns a default size and position, which we can then change for our design.

Click on the name of the shape and open the **Data** tab to change the parameters that you want to:

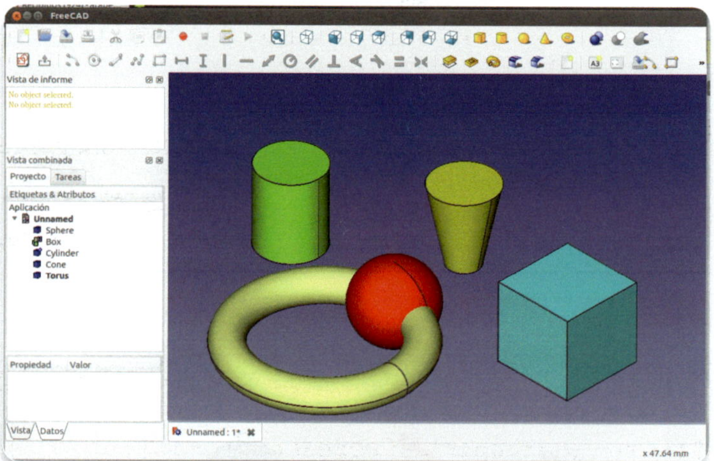

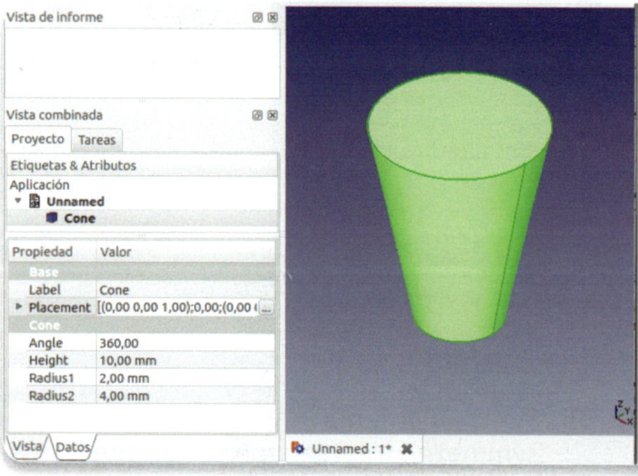

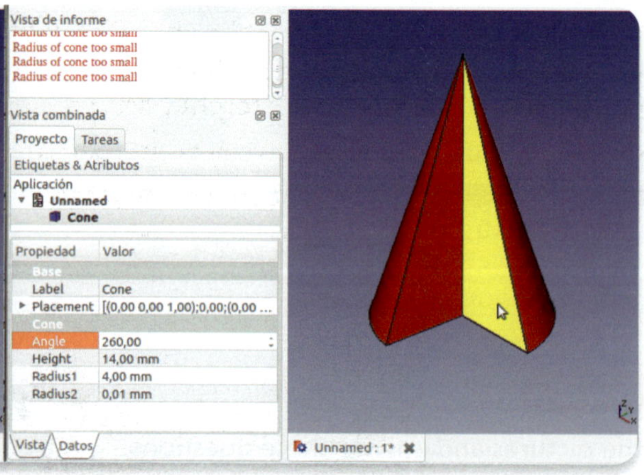

Understand

38. Match each shape that appears on the program screen with its name and button.

39. Look at the parameters that we changed to transform the first picture into the second one. Take note of the difference and identify the corresponding change.

The position and orientation can be modified in the same tab, **Data**, with the **Placement** bar which opens a drop-down menu.

In this picture we have added a cube and we have moved it 4 mm back from the X axis to its final position.

We can create additional shapes by **joining**, **separating**, **intersecting** or **trimming** shapes that we already have.

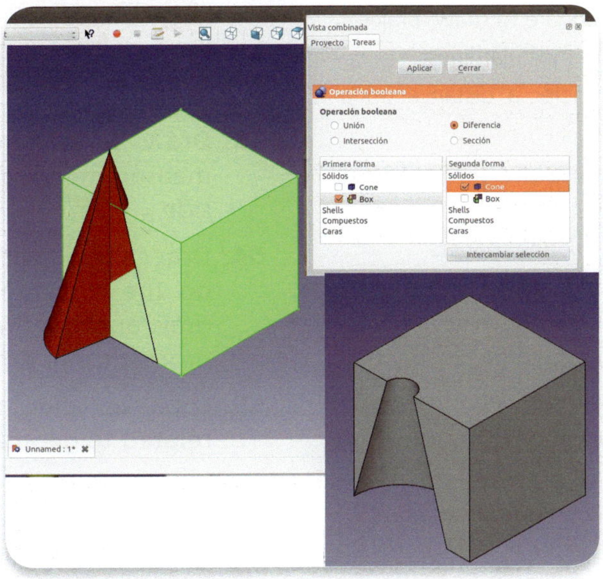

Here, we have separated the volume of the cone from the cube to make a hole in it.

The shapes we have used to carry out these (Boolean) operations appear in a new window with the name of the operation, in this case *Cut*. We can reactivate a shape we have created by exchanging the viewing option.

Apply

40. Draw a cylinder, centre it and explore the visualisation tools. Draw the main views of the cylinder in your notebook.

41. Draw the shapes that appear in the image on the previous page and modify their parameters for size and position to see how they change.

42. Try drawing a cone with its apex on the Y-axis, a radius of 20 mm and a height of 30 mm.

43. Look at the steps taken to create the base of the photo holder (the peg will fit in the hole in the middle of the base) and identify the different parts of the process:

- **a)** Shapes that have been used in the design and how they have been modified.
- **b)** Operations carried out on the shapes to get the final result.

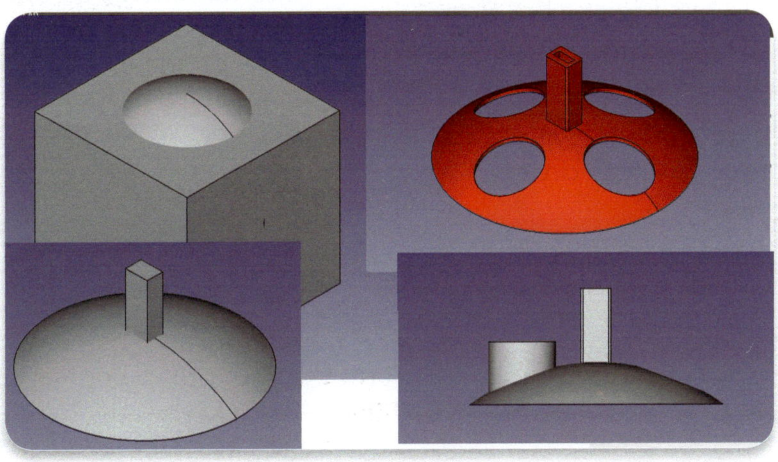

44. Listen and decide if the following statements are true or false. Correct the false sentences.

a) We use a 2B pencil for technical drawings.
b) The A0 sheet of paper is the smallest size.
c) We can use a scale ruler to measure the length of a line.
d) We can use a triangle and a set square to draw angles.
e) We use a protractor to draw perpendicular lines.
f) A compass can be used to transfer a distance on a drawing.

45. Choose the correct answers. Write the sentences in your notebook.

1. We can read the news in *print* / *ink* newspapers.
2. The most common paper size is *A3* / *A4*.
3. Gloss paper is *shiny* / *matte*.
4. A3 paper is *bigger* / *smaller* than A5.
5. To get the DIN A formats we *divide* / *multiply* the length of the longest side of the previous format by 2.

46. Draw a sketch and a diagram of a toaster.

47. What are these instruments?

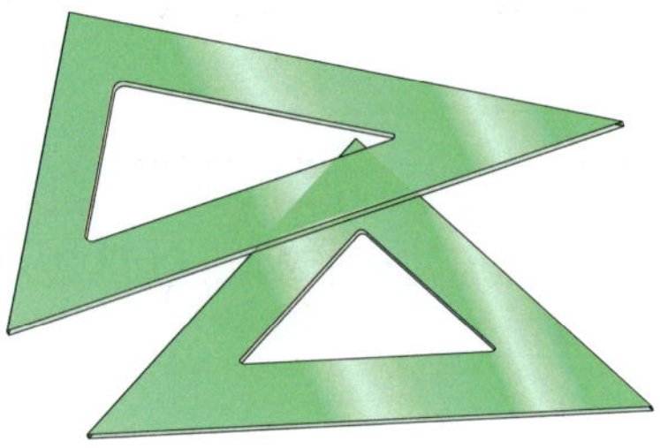

a) What's the difference between them?
b) What can you draw with them?
c) Draw a picture of each one and write what angles we can measure with them.

48. With a triangle and a set square draw a semicircle with all the angles from 0° to 180° in multiples of 15°. Explain how you did it.

49. Draw two five-centimetre squares.

a) Fill one with vertical lines separated by 0.5 cm.
b) Fill the other with horizontal lines separated by 0.5 cm.

50. Draw a seven-centimetre square. Fill it with parallel lines at 30° and separated by 1 cm.

51. Follow the instructions to make a symmetrical design for a wall or a tattoo based on circles.

1. Draw a line of 15 centimetres.
2. Divide it into segments every 3 cm.
3. Use each 3-cm mark as a centre point and draw circles with a 2-cm radius.
4. Now draw more circles of 1.5 cm using the same centre points.
5. Colour or shade in the circles.

52. Look at the following design. Try to copy it using only semicircles on a line. Clue: measure the distances between the centre points and radii of the circles to make the design proportional.

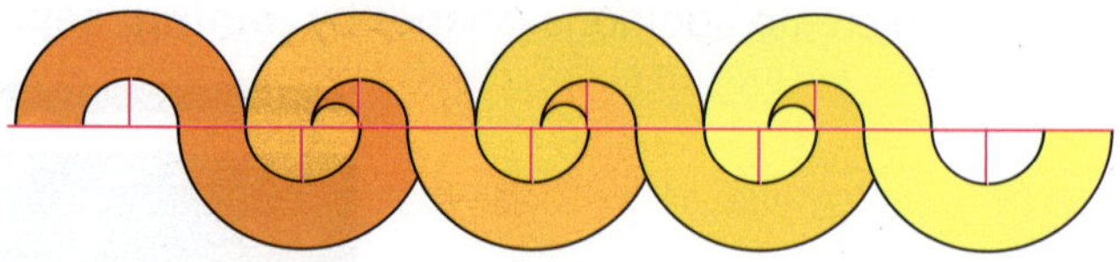

53. Draw a scalene triangle with the following measurements: base = 6 cm; right side = 5 cm; left side = 4 cm.

54. Draw a circle with a radius of 5 cm. Make six marks on the circumference to draw a hexagon. Then draw another circle inside the hexagon. Repeat the process three times.

55. Look up the meaning of the following terms related to geometric shapes:

a) tangent
b) secant
c) concentric
d) inscribed
e) circumscribed
f) inner

56. Draw a circumference. Now draw these elements on it:

- A secant line
- A tangent
- A concentric circumference
- A parallelogram inscribed in the circle

57. What scale would you use to draw a spoon on a sheet of A4 paper?

58. Draw this figure in your notebook at 2:1 and 1:2 scale.

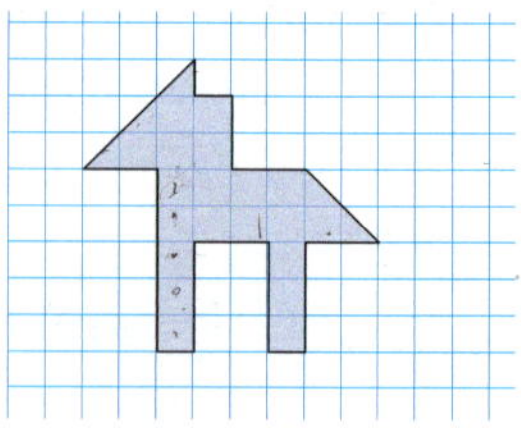

59. With the help of a compass, a ruler and a protractor, draw life-size representations of the following gears: the interval between the radii is 15° and the circumference where the teeth rest has a radius of 80 mm. Find the scale of these drawings and get the rest of the measurements from them.

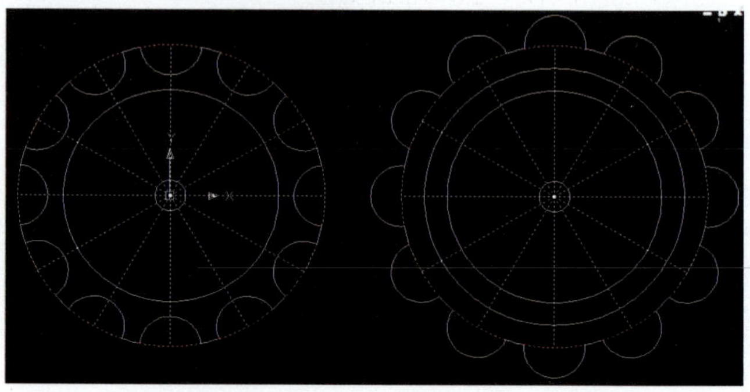

60. Make correct freehand drawings of the plan view, the right-side view, the left-side view and the front view for the following figures:

a)

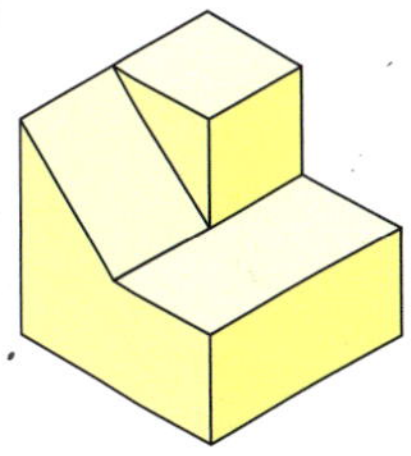

b)

c)

d)

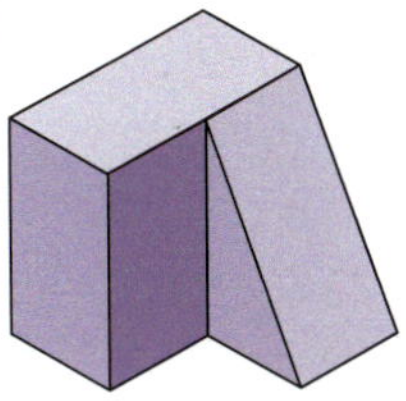

61. Draw the plan, and front and side views of a coat hook in your classroom.

62. Choose one of the figures in Exercise 60 and draw it in your notebook with the correct annotations.

63. Draw and annotate the plan and front views of a door handle. Measure it to get the exact dimensions.

64. Make freehand drawings of the views of your desk. Annotate the main dimensions on them.

65. Chose an everyday object (a bottle of shampoo or a frying pan, for example) and write the specifications for it. Include photos, diagrams, measurements and the materials it is made of.

66. Create the instructions for how to build a paper aeroplane (or another origami object you know how to make) using only photos. Design a colour code for the different types of folds.

STUDY TECHNIQUES

- Write a summary using the key concept boxes in the unit. Include everything that you think is important.
- Draw a mind map of the concepts in the unit. Use the following structure to get started:

Graphic expression
- needs → tools
  - measurement …
  - lines …
- is represented by …
- uses → representation systems …

- Make a technical dictionary with the terms that you think are the most important. Include: *sketch*, *diagram*, *plan*, *block title*, *ruler*, *compass* … and add any others you think necessary.

FINISHING THE FINAL TASK

Design a photo holder with a wooden clothes peg

To finish off the final task for this unit, think of a brand name for your photo holder, check the documents and drawings and make sure you have everything you were asked for.

- ✓ First freehand sketch.
- ✓ Final freehand diagram.
- ✓ Line drawings of plan, side and front views.
- ✓ Specifications.
- ✓ Assembly instructions.

On all the documents, include the brand name to complete the product file.